0 0 γ
4 2 α
0 +1 β

84
Po
polonium
[209]

88
Ra
radium
[226]

MARIE CURIE

E O ENSINO DE CIÊNCIAS

Beatriz Horst

rie Curie

Orientador
GILBERTO ORENGO (gorengo@gmail.com)

Coorientador
LUIS SEBASTIÃO BARBOSA BEMME (luisbarbosab@yahoo.com.br)

Produção Gráfica & Diagramação
FERNANDA GABAS GIANNOTTI (nandagiannotti@gmail.com)

Produção Artística
NATHALIA BUBLITZ RODRIGUES (instagram: @nbublitz)

Dados Internacionais de Catalogação na Publicação (CIP)
(Câmara Brasileira do Livro, SP, Brasil)

Horst, Beatriz
Marie Curie e o ensino de ciências / Beatriz Horst. --
2.ed. -- São Paulo : Livraria da Física,2023.
Maria : Universidade Franciscana – UFN, 2023.

Bibliografia
ISBN 978-65-5563-376-4

1. Ciências - Estudo e ensino 2. Curie, Marie,
1867-1934 3. Ensino médio 4. Professores de ciências
- Formação profissional 5. Representatividade das
mulheres na ciências I. Título.

23-173503 CDD-370.71

Índices para catálogo sistemático:

1. Professores de ciências : Formação profissional :
Educação 370.71

Eliane de Freitas Leite - Bibliotecária - CRB 8/8415

Editora Livraria da Física
www.livrariadafisica.com.br
(11) 3815-8688 | Loja do Instituto de Física da USP
(11) 3936-3413 | Editora

Beatriz Horst

MARIE CURIE
E O ENSINO DE CIÊNCIAS

2ª Edição

M. Skłodowska Curie

SUMÁRIO

APRESENTAÇÃO

Este livro foi elaborado pela pesquisadora Beatriz Horst como parte do Produto Educacional para o Mestrado Profissional em Ensino de Ciências e Matemática da Universidade Franciscana.

O Produto Educacional desenvolvido tem como objetivo orientar a reprodução da ação formativa elaborada pela pesquisadora. A ação foi intitulada Oficina Marie Curie e o Ensino de Ciências e teve como foco a formação continuada de professores/as de Ciências de 9º ano do Ensino Fundamental e/ou professores/as de Física e de Química do Ensino Médio. A delimitação dos/as participantes da ação foi feita a partir da identificação de conceitos científicos de Ciências, de Física e de Química previstos para a Educação Básica segundo a Base Nacional Comum Curricular[1]. Além disso, a Oficina teve como foco os conteúdos relacionados às temáticas Mulheres na Ciência, Relações de Gênero e Noções de Radioatividade tomando como base a vida e obra de Marie Curie e suas aplicações na Educação Básica.

Já o livro Marie Curie e o Ensino de Ciências apresenta parte da pesquisa realizada pela pesquisadora para o Trabalho Final de Graduação em Física Médica, pela Universidade Franciscana, assim como apresenta parte da pesquisa realizada para o Mestrado Profissional em Ensino de Ciências e Matemática, também pela Universidade Franciscana. Assim, o livro Marie Curie e o Ensino de Ciências foi utilizado como material obrigatório durante a realização da Oficina.

UM OLHAR PELA HISTÓRIA

Esta seção tem como objetivo conhecer a história da inserção feminina na sociedade, bem como no meio científico, e conhecer a história de vida pessoal e profissional de uma das maiores cientistas mulheres: Marie Curie.

VISÕES SOBRE O FEMININO E MULHERES NA CIÊNCIA: UM RESGATE HISTÓRICO

Nas palavras de Sedenõ[12, p. 211], "Se uma mulher faz algo malfeito, é típico de seu sexo, de todas as mulheres (um caso só confirma a generalização universal de que todas fazem aquilo mal), mas, se uma fizer bem, é apenas uma exceção.".

INTRODUÇÃO

Ao olhar a história não contada das mulheres em diferentes épocas e em diferentes culturas, é possível perceber diversos olhares, expectativas e significados sobre o feminino. Apesar disso, os diversos entendimentos sociais do que é "ser mulher", do que é "de mulher" e do que é possível ser executado por mulheres, convergem em uma única premissa: a inferioridade natural da mulher.

ARISTÓTELES E GALENO

Aristóteles (384 a.C. – 322 a.C.), aluno de Platão, foi um filósofo grego da Grécia Antiga, fundador do Liceu, e Galeno (129 d.C. – 199 d.C.) foi um médico romano de origem grega. As visões e descrições anatômicas de ambos pensadores sobre os corpos masculino e femininoinfluenciaram a Medicina até a Revolução Científica, no século XVII, e sobreviveram até o século XIX na sociedade[2].

Nos trabalhos de ambos pensadores, as diferenças anatômicas eram vistas de forma hierárquica, onde em que o homem era o ser perfeito e superior, enquanto a mulher inferior.

Esse pensamento era justificado por princípios cósmicos baseados no calor vital dos corpos. Assim, a segregação dos papeis sociais ocorreu de forma naturalizada.

1

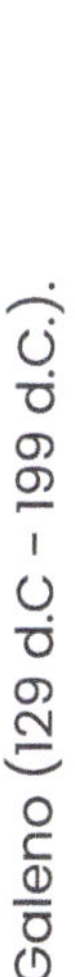

Galeno (129 d.C - 199 d.C).

2

Aristóteles (384 a.C. – 322 a.C.).

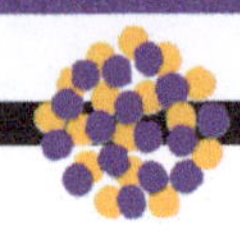

SÉCULO XVIII

Nesse período, a segregação dos papeis sociais passou a ser justificada e estabelecida pela Natureza e não por uma construção social dos polos masculino e feminino. A Ciência, à época, afirmava que a Natureza havia designado à mulher cargos ligados a características como corpo e sentimento, enquanto o homem estava ligado a atributos como mente e razão. Além de continuar considerando a mulher um ser incapaz intelectualmente, também assegurava que o corpo feminino era uma versão frágil e imperfeita em relação ao corpo masculino.

Mulheres que desejavam estudar e buscar conhecimento estavam desafiando a ordem da Natureza por almejarem algo que estava fora do seu espectro, pois tanto o corpo como a mente feminina não estavam qualificados para executar tal atividade.

> "'A mulher' foi aprisionada em seu próprio corpo para ser controlada e oprimida." [2, p. 7]

A Ciência é uma construção masculina, realizada especificamente por e para o homem.

Segundo Chassot[3, p.9], "não somos sociedades machistas por acaso (...)", então não é de se surpreender as conclusões alcançadas anteriormente, pois já era "natural" para a sociedade a incapacidade e a inferioridade feminina. A Ciência, à época, apenas ratificou a estrutura social estabelecida dos papéis masculino e feminino.

Assim como a Ciência é uma produção masculina, a História também é, pois o homem é tanto o protagonista quanto o historiador. Apesar disso, a história das mulheres não deixa de existir só por não ter sido registrada[4].

A existência da mulher na História foi negligenciada, ignorada propositadamente e necessitava de uma representação masculina para poder se desenvolver à margem do homem. Por isso é importante dar voz e visibilidade à história não contada das mulheres, resgatando suas vivências e suas participações na sociedade.

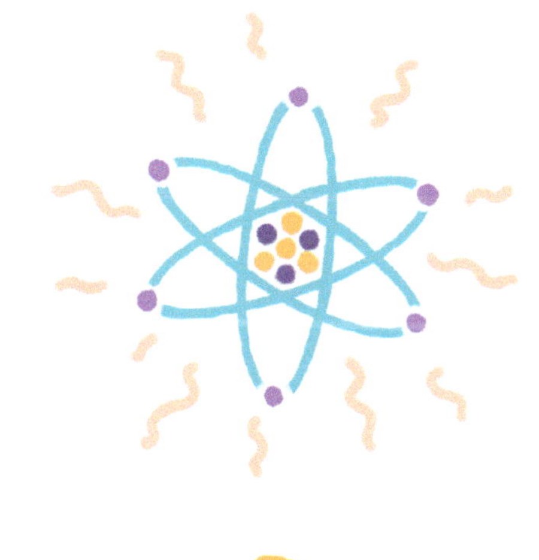

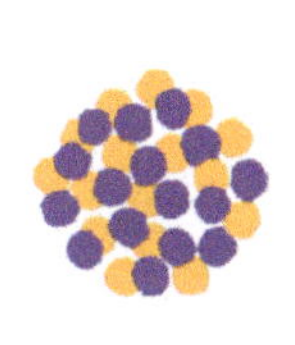

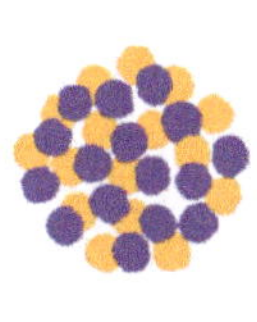

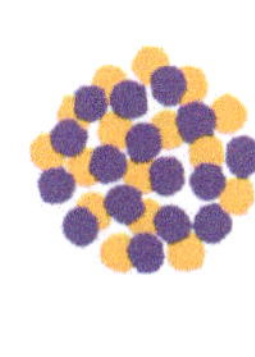

SÉCULO XVIII

Nesse período, mulheres puderam ocupar cargos de suporte cuidando de coleções, limpando vidrarias, ilustrando, traduzindo ou transcrevendo experimentos e textos[5]. A capacidade intelectual feminina continuava sendo julgada como inferior e como imprópria para produção de conhecimento científico, mas, por serem filhas, irmãs ou esposas de cientistas homens, "o acesso à educação científica e às carreiras tradicionalmente ocupadas por homens foi sendo 'autorizada' às mulheres" [6, p. 61]. Assim, o ingresso das mulheres na Ciência se deu por pertencerem a uma linhagem familiar de cientistas homens e não por saberem usar a razão[4], por talento ou por genialidade.

SÉCULO XIX

Nesse momento, escolas para mulheres foram criadas, possibilitando um pequeno avanço no ingresso das mulheres no mundo científico, no qual é possível observar o começo de transição em relação à visão da sociedade sobre o papel e a capacidade feminina.

PRIMEIRA METADE DO SÉCULO XX

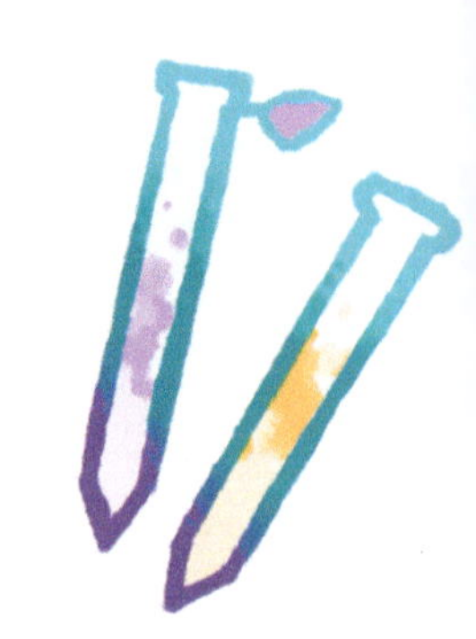

Nos tempos de guerra, a presença masculina era necessitada no *front*. Dessa forma, as vagas de trabalho, tradicionalmente ocupadas por homens, precisavam ser preenchidas, possibilitando que mulheres ingressassem no mercado de trabalho. Assim, o acesso das mulheres ao mercado de trabalho se deu apenas pela falta de mão de obra masculina. Ao terem servido a guerra, as mulheres desestruturaram o entendimento social a respeito do que era "ser mulher", do que era "de mulher" e do que era possível ser executado por mulheres, dentro da visão da sociedade sobre a capacidade feminina da época.

Na Primeira Guerra Mundial, o deslocamento de papéis foi provisório. Logo após o conflito, as mulheres voltaram aos seus cargos tradicionais e, apesar de breve, a mudança foi o suficiente para abalar os paradigmas a respeito da competência feminina, incentivando a luta das mulheres por direitos[5].

Na Segunda Guerra Mundial, os deslocamentos sociais foram permanentes. Percebe-se que, inicialmente, a permissão para que as mulheres adentrassem nos "espaços masculinos" se deu apenas pela necessidade da sociedade de se manter em funcionamento durante os períodos de guerra. Em seguida, a pressão social da luta por igualdade entre homens e mulheres efetivou os deslocamentos sociais.

SEGUNDA METADE DO SÉCULO XX

Nesse período, ocorreu uma mudança significativa de visão em relação à capacidade feminina. Até então, o movimento de igualdade de gênero idealizado ainda no século XVIII não havia conseguido promover a emancipação da mulher. Hoje, século XXI, "a utopia da igualdade de gênero vem se tornando realidade" [2, p. 12].

Para Chassot[3], no entanto, as primeiras décadas do século XX são marcadas por uma Ciência ainda imprópria para mulheres e, na segunda metade do século, ainda era especificado quais profissões eram adequadas para homens e quais eram para mulheres. Isso demonstra que o progresso sobre as Relações de Gênero na Ciência ocorreu lentamente.

1960

O movimento de liberação feminina se deu pela queda do mito sobre a incapacidade e a inferioridade intelectual e biológica das mulheres. O foco das teorias feministas era derrubar essas visões. Os estudos acadêmicos sobre Relações de Gênero procuraram demonstrar que os papeis sociais são construídos no cotidiano da sociedade, dentro da esfera social, dependendo de como as diferentes épocas valorizam e representam características sexuais[8], e não por determinação da Natureza sobre os corpos. Além disso, dados científicos e análises de diversas obras ganharam força, como o livro O Segundo Sexo: Fatos e Mitos da filósofa francesa Simone de Beauvoir de 1960[9].

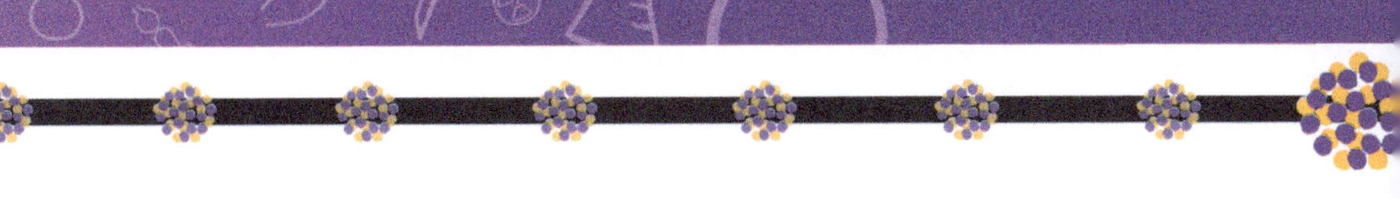

1970

A década foi marcada por ter como objetivo o resgate histórico das realizações de grandes cientistas mulheres. O projeto era urgente, pois necessitava demonstrar que de fato existiam mulheres produzindo ciência de alto nível, desbancando as falsas premissas acreditadas até então. Contar a história das cientistas mulheres também tinha o objetivo de servir como modelo representativo para estimular que mais mulheres seguissem a carreira científica[10].

CONCLUSÃO

Ao fazer um breve resgate histórico da relação das mulheres com a Ciência, é possível perceber que a temática não é nova. Contudo, sua relevância continua alta, pois como Chassot[3] comenta, não é possível desconstruir preconceitos milenares em um espaço de poucas gerações. Além disso, a Ciência é uma entidade, não possui gênero[6], e a pessoa que produz conhecimento científico não influencia o resultado obtido, independentemente de como se identifica.

É possível perceber que uma das principais contribuições para que o início da mudança de paradigma tenha sido eficaz, foi o fato de algumas mulheres adentrarem o espaço científico dito como masculino e, principalmente, se manterem no local apesar das adversidades, produzindo uma ciência de alto nível. Inicialmente, tais mulheres não eram aceitas nem respeitadas, mas a Ciência produzida pelas mesmas possibilitou que fossem toleradas no meio científico por serem a exceção, e não por serem consideradas de fato inteligentes e capazes. Assim, as primeiras mulheres cientistas puderam abrir portas e caminhos[11], contribuindo para a desconstrução de premissas infundadas e quebrando os padrões, para que as futuras cientistas também tivessem o seu espaço e reconhecimento.

88
Ra
radium
[226]
84
Po
polonium
[209]
Ra

EVOLUÇÃO DO CONHECIMENTO CIENTÍFICO NO PERÍODO EM QUE MARIE CURIE VIVEU

"Me ensinaram que o caminho do progresso não era rápido nem fácil."
(Marie Curie)

1886 - Elgen Goldstein: proposta da existência do próton
1895 - Wilhelm Conrad Röntgen: descoberta do raio X
1896 - Henri Becquerel: "descoberta" do fenômeno radioatividade
1897 - Joseph John Thomson: descoberta do elétron
1897 - Marie Curie: descrição do fenômeno radioatividade
1898 - Marie e Pierre Curie: descoberta dos elementos Polônio e Rádio
1898 - Ernest Rutherford: descoberta das partículas alfa e beta
1900 - Paul Villard: descoberta da radiação gama
1900 - Max Planck: descoberta do corpo negro
1901 - Henri Becquerel: estudos sobre queimaduras e efeitos medicinais da radiação gama
1904 - Ernest Rutherford: confirmação da existência do próton
1905 - Albert Einstein: descrição de fenômeno efeito fotoelétrico
1905 - Albert Einstein: confirmação da existência do átomo

- 1920 - Ernest Rutherford: descoberta do próton
- 1920 - Ernest Rutherford: proposta da existência do nêutron
- 1932 - James Chadwick: confirmação da existência do nêutron
- 1932 - John Douglas Cockcroft e Ernest Thomas Sinton Walton: primeira desintegração nuclear artificial
- 1934 - Irène e Frederic Joliot-Curie: descoberta do fenômeno radioatividade artificial
- 1938 - Lise Meitner e Otto Frisch: descoberta do fenômeno fissão nuclear
- 1940 - Glenn Seaborg e colaboradores: descoberta do elemento Plutônio

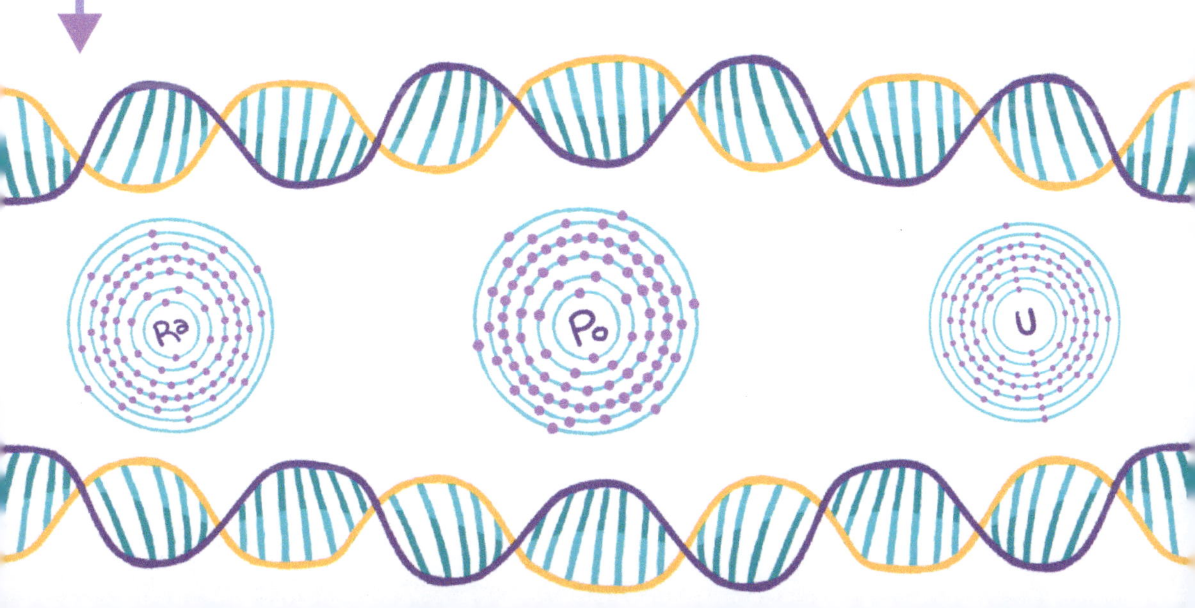

MARIE CURIE

"Impossível construirmos um mundo melhor sem melhorarmos o indivíduo. Assim, cada um de nós deve trabalhar para o aperfeiçoamento próprio (...)"
(Marie Curie)

ÁLBUM DE FOTOS

1772, 1793, 1795

A Polônia sofreu sucessivas invasões dos seus países vizinhos Áustria, Prússia (atual Alemanha) e Rússia. A cada invasão, esses países repartiam a Polônia entre si e, após a última divisão, a Polônia deixou de existir por muitos anos. Sob domínio russo, parte da Polônia passou a ser chamada de Polônia do Congresso ou Polônia Russa.

1

Mapa da Europa em 1867, ano do nascimento de Marie Curie.

2

Mapa da Europa em 2022 (IBGE).

3

3 de Jul de 1860

Wladyslaw Sklodowski (1832-1902), pai de Marie Curie, e Bronislawa Boguska Sklodowska (1836-1878), mãe de Marie Curie, casam.

4

7 de Nov de 1867

Marie Curie, nascida Marya Salomea Sklodowska, nasceu em Varsóvia na Polônia do Congresso.

1871

Enquanto brincava com a irmã Bronislawa, Marya aprendeu a ler com 4 anos.

5

1872

Os filhos do casal Sklodowski: da esquerda para a direita Sofia (1861-1876), Helena (1866-1961), Marya (1867-1934), Josef (1863-1937) e Bronislawa (1865-1939) em 1872.

6

Sofia Sklodowska (1861-1876).

Jan de 1876

Bronislawa, mãe de Marya, e Sofia, irmã mais velha de Marya, pegam tifo e Sofia não sobrevive aos 15 anos.

1877

Marya inicia sua educação formal.

7

Bronislawa Boguska Sklodowska em 1860.

9 de Mai de 1878

Bronislawa, mãe de Marya, morre por tuberculose.

8

АТТЕСТАТЪ

Diploma russo de Marya em 1883.

12 de Jun de 1883

Marya formou-se no ensino secundário.

9

1883

Marya aos 16 anos em 1883.

1884

Marya propôs uma parceria com a irmã Bronislawa, na qual Marya iria trabalhar como preceptora para que Bronislawa pudesse estudar na França.

1884 - 1885

Marya participou da Universidade Volante, uma universidade clandestina, no qual as aulas eram ministradas na casa dos participantes.

1885 - 1889

Marya trabalhou como preceptora. Em 1886, enquanto trabalhava como preceptora, Marya também dava aulas clandestinas para alfabetizar crianças da zona rural, com objetivo de manter a cultura polonesa viva.

10

1886

Marya e a irmã Bronislawa em 1886.

1890

Marya participou do Museu de Indústria e Agricultura, uma universidade clandestina.

11

1890

Wladyslaw Sklodowski e suas filhas: da esquerda para a direita Marya, Bronislawa e Helena em 1890.

1891

Marya realiza sua inscrição na *Sorbonne Université*, adaptando o seu nome para Marie Sklodowska. Nesse período existiam 210 estudantes mulheres para um total de quase 9 mil alunos.

12

1892

Ilustração de Marie feita em Paris em 1892.

13

1892

Marie na casa da irmã Bronislawa Sklodowska-Dluski e do cunhado Casimir Dluski, onde residiu, em 1892.

1893

Marie formou-se em Física.

1894

Marie formou-se em Matemática e só conseguiu continuar os seus estudos e terminar o curso graças a ajuda da amiga Senhorita Dydynska, que conseguiu a Bolsa Alexandrowitch para Marie.

1894

Marie conhece Pierre Curie através de um casal de amigos em comum.

14

Pierre Currie

Pierre em 1905.

15 16

26 de Jul de 1895

Marie Sklodowska casa com Pierre Curie, adaptando seu nome para Marie Curie.

1895

Marie e Pierre no jardim de sua casa em 1895.

1892

Marie estava pronta para focar na próxima etapa de sua carreira: o doutorado. Ao revisar as últimas publicações, encontrou o trabalho de Henri Becquerel sobre os "raios urânicos" proveniente do Urânio. Marie iniciou sua pesquisa sobre os "raios urânicos", investigando todos os elementos conhecidos até então e descobriu que o elemento Tório também emitia os mesmos raios. Assim, o fenômeno necessitava de uma nova nomenclatura e Marie cunhou o termo radioatividade.

17

Henri Becquerel por volta de 1903.

Henri Becquerel

Henri Becquerel (1852 - 1908) foi um físico francês que observou o fenômeno da radioatividade.

18

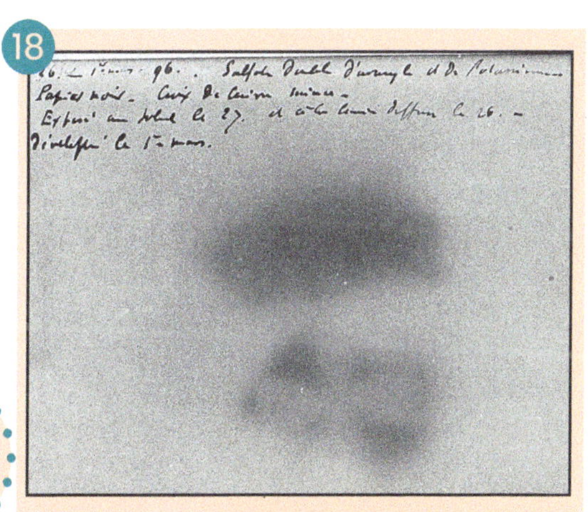

1896

Chapa fotográfica por Becquerel em 1896.

1896

Em 1896, Becquerel estava pesquisando a emissão espontânea de raios do Urânio, que suspeitava ser um fenômeno bem conhecido pela comunidade científica e pelo cientista, a fluorescência. Então, embrulhou uma chapa fotográfica para proteger a mesma da luz solar e, em cima da chapa, posicionou o Urânio. Após, submeteu o conjunto à luz solar, necessária para a ocorrência da fluorescência. Mas, durante alguns dias nublados, Becquerel guardou o conjunto em uma gaveta e depois, resolveu revelar a chapa, esperando não encontrar nada. Ao revelar, a chapa apresentava uma grande mancha escura. Becquerel acreditou que o Urânio era uma substância fluorescente e nomeou o fenômeno como "raios urânicos" por acreditar que apenas o Urânio possuia essa propriedade.

19

Marie, Pierre e Irène Curie no jardim de sua casa em 1904.

12 de Set de 1897

Irène Curie, primeira filha do casal Curies, nasceu.

20

Gabriel Lippmann

Gabriel Lippmann (1845 - 1921) foi físico e inventor franco-luxemburguês, ganhador do Prêmio Nobel em Física de 1908 por produzir a primeira fotografia colorida. Lippmann foi o orientador de Marie Curie.

1898

Marie analisou diversas amostras de minerais e encontrou na *pechblenda* um grau de radiação muito maior que o encontrado no Urânio e no Tório. Então, Marie comunicou à comunidade científica sua hipótese sobre a existência de um novo elemento químico. Nesse momento, Pierre deixa suas pesquisas pessoais para se juntar à pesquisa de Marie. A partir desse momento, Marie e Pierre trabalham em conjunto: o que era trabalho de um era igualmente trabalho do outro. Por isso, nesse período, não tem como separar ou identificar o que é de um ou do outro, pois as anotações de pesquisa do casal foram assinadas sempre em conjunto, sem identificação pessoal.

12 de Abr de 1898

Nota de Marie intitulada *"Rayons émis par les composés de l'uranium et du thorium"* à Academia de Ciências de Paris sobre os seus estudos sobre a radioatividade do Urânio e do Tório em 12 de abr de 1898. A leitura do artigo de Marie sobre sua pesquisa não pode ser apresentada pela mesma, pois não era permitido a participação de mulheres na Academia. Assim, foi o seu orientador Gabriel Lippmann que realizou a apresentação.

21

PHYSIQUE. — *Rayons émis par les composés de l'uranium et du thorium.* Note de Mme SKLODOWSKA CURIE (1), présentée par M. Lippmann.

« J'ai étudié la conductibilité de l'air sous l'influence des rayons de l'uranium, découverts par M. Becquerel, et j'ai cherché si des corps autres que les composés de l'uranium étaient susceptibles de rendre l'air conducteur de l'électricité. J'ai employé pour cette étude un condensateur à plateaux; l'un des plateaux était recouvert d'une couche uniforme d'uranium ou d'une autre substance finement pulvérisée. (Diamètre des plateaux, 8^{cm}; distance, 3^{cm}.) On établissait entre les plateaux une différence de potentiel de 100 volts. Le courant qui traversait le condensateur était mesuré en valeur absolue au moyen d'un électromètre et d'un quartz piézoélectrique.

» J'ai examiné un grand nombre de métaux, sels, oxydes et minéraux (2). Le Tableau ci-après donne, pour chaque substance, l'intensité du courant i en ampères (ordre de grandeur, 10^{-11}). Les substances que j'ai étudiées et qui ne figurent pas dans le Tableau sont au moins 100 fois moins actives que l'uranium.

	Ampères.
Uranium légèrement carburé	24×10^{-12}
Oxyde noir d'uranium U^2O^5	27 »
Oxyde vert d'uranium U^3O^8	18 »
Uranates d'ammonium, de potassium, de sodium, environ	12 »
Acide uranique hydraté	6 »
Azotate d'uranyle, sulfate uraneux, sulfate d'uranyle et de potassium,	

12 de Abr de 1898

"Rayons émis par les composés de l'uranium et du thorium"

22

1898

O casal Curie em seu laboratório por volta de 1898.

23

1898

Interior do laboratório do casal Curie por volta de 1898.

24

1898

Área externa do laboratório do casal Curie em 1898.

25

1898

Marie e Pierre Curie com Henri Becquerel em 1898.

26

PHYSICO-CHIMIE. — *Sur une substance nouvelle radio-active, contenue dans la pechblende* (¹). Note de **M. P. Curie** et de Mme **S. Curie**, présentée par M. Becquerel.

« Certains minéraux contenant de l'uranium et du thorium (pechblende, chalcolite, uranite) sont très actifs au point de vue de l'émission des rayons de Becquerel. Dans un travail antérieur, l'un de nous a montré que

(¹) Ce travail a été fait à l'École municipale de Physique et Chimie industrielles. Nous remercions tout particulièrement M. Bémont, chef des travaux de Chimie, pour les conseils et l'aide qu'il a bien voulu nous donner.

C. R., 1898, 2e *Semestre*. (T. CXXVII, N° 3.) 24

O casal Curie anunciou a descoberta do elemento Polônio.

Jul de 1898

Nota do casal Curie à comunidade científica sobre a descoberta de um novo elemento, chamado pelo casal de Polônio, em 18 de jul de 1898.

Dez de 1898

O casal Curie, junto de Gustave Bémont, anunciaram a descoberta de outro elemento, o Rádio.

27

Gustave Bémont

Gustave Bémont (1857 - 1932) foi um químico francês que trabalhou com radioatividade junto do casal Curie.

28

Pechblenda

Pechblenda, mineral que contém Urânio, Polônio e Rádio.

29

PHYSIQUE. — *Sur une nouvelle substance fortement radio-active, contenue dans la pechblende* ([2]). Note de M. P. **Curie**, de Mme P. **Curie** et de M. G. **Bémont**, présentée par M. Becquerel.

« Deux d'entre nous ont montré que, par des procédés purement chimiques, on pouvait extraire de la pechblende une substance fortement radio-active. Cette substance est voisine du bismuth par ses propriétés analytiques. Nous avons émis l'opinion que la pechblende contenait peut-être un élément nouveau, pour lequel nous avons proposé le nom de *polonium* ([3]).

» Les recherches que nous poursuivons actuellement sont en accord avec les premiers résultats obtenus; mais, au courant de ces recherches, nous avons rencontré une deuxième substance fortement radio-active et entièrement différente de la première par ses propriétés chimiques. En effet, le polonium est précipité en solution acide par l'hydrogène sulfuré; ses sels sont solubles dans les acides, et l'eau les précipite de ces dissolutions; le polonium est complètement précipité par l'ammoniaque.

» La nouvelle substance radio-active que nous venons de trouver a toutes les apparences chimiques du baryum presque pur : elle n'est précipitée ni par l'hydrogène sulfuré, ni par le sulfure d'ammonium, ni par

26 de Dez de 1898

Nota do casal Curie e de Bémont à comunidade científica sobre a descoberta de um outro elemento, chamado pelos pesquisadores de Rádio em 26 de dez de 1898.

1898 - 1902

O casal Curie trabalhou na purificação dos elementos para encontrar o peso atômico de cada um.

1902

Marie anunciou a extração de 0,1 g de Rádio e verificou o peso atômico do elemento como sendo 225. Nesse período, Pierre queria dar uma pausa na pesquisa e retornar quando tivessem mais condições financeiras, de instalação e de materiais, mas Marie recusou a proposta e deu continuidade à pesquisa.

30

Brometo de Rádio

Uma vasilha contendo Brometo de rádio(II), RaBr2, em 1922 (foto tirada no escuro).

31

Wladyslaw, pai de Marie, em 1890.

1902

Wladyslaw Sklodowski, pai de Marie, morre.

32

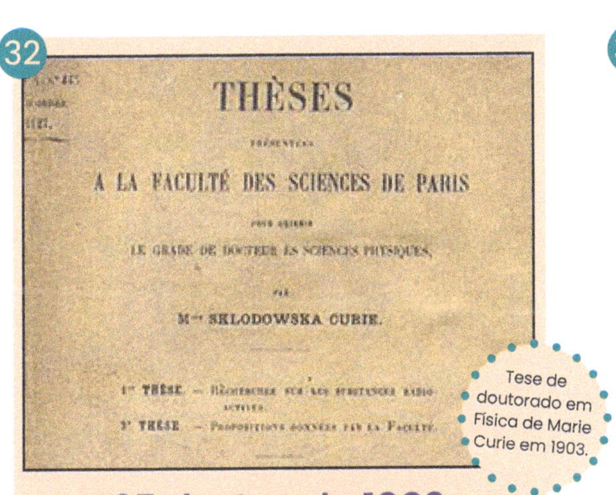

THÈSES

A LA FACULTÉ DES SCIENCES DE PARIS

LE GRADE DE DOCTEUR ÈS SCIENCES PHYSIQUES,

Mme SKLODOWSKA CURIE.

1re THÈSE. — RECHERCHES SUR LES SUBSTANCES RADIO-ACTIVES.

2e THÈSE. — PROPOSITIONS DONNÉES PAR LA FACULTÉ.

Tese de doutorado em Física de Marie Curie em 1903.

25 de Jun de 1903

Marie defendeu sua tese "Pesquisas sobre Substâncias Radioativas" e recebeu o título de Doutora em Ciências Físicas com menção honrosa.

33

1903

Marie Curie por volta de 1903.

Dez de 1903

Marie e Pierre Curie receberam o Prêmio Nobel em Física de 1903, dividindo a laureação com Henri Becquerel. Becquerel recebeu uma parte da premiação "em reconhecimento ao extraordinário serviço que ele prestou pela descoberta da radioatividde espontânea". Juntos, o casal Curie recebeu a outra parte da premiação "em reconhecimento ao extraordinário serviço que eles prestaram por suas pesquisas em conjunto sobre o fenômeno radioatividade descoberto pelo Prof. Henri Becquerel".

Inicialmente, a Academia Real Sueca de Ciências (responsável pelo Prêmio Nobel em Física, em Química e em Ciências Econômicas em Memória de Alfred Nobel) estava considerando premiar apenas Pierre Curie e Henri Becquerel pela descoberta da radioatividade. Marie Curie chegou a ser indicada, mas foi desconsiderada pela Academia. Pierre, ao saber que Marie não receberia a premiação, recusou-se a receber também, visto que a pesquisa era inicialmente de Marie. Somente após a recusa de Pierre, é que incluíram Marie na premiação.

É possível afirmar que alguém descobriu um novo fenômeno da Ciência sem que essa pessoa de fato tenha entendido as propriedades ou o modo de ocorrência do fenômeno? Então, por que Becquerel foi premiado? Becquerel era da alta aristocracia francesa, vindo de uma linhagem de excelentes cientistas renomados. Era homem, branco e rico e, portanto, sua premiação era inevitável, mesmo que o mesmo não tenha compreendido, inicialmente, a natureza do fenômeno em quase dois anos de estudo. Já Marie, em menos de um ano, já conhecia as propriedades do fenômeno e já reconhecia a possibilidade de existir um novo elemento.

34

1903

Marie Curie, nascida Sklodowska, para o Prêmio Nobel em Física de 1903.

35

KONGLIGA SVENSKA VETENSKAPS-AKADEMIEN

ALFRED NOBEL

PIERRE CURIE

MARIE CURIE

1903

Certificado da premiação Nobel em 1903.

36

1903

Carta do casal Curie à Academia Real Sueca de Ciências agradecendo a premiação em 1903.

37

Dez de 1903

O casal Curie em seu laboratório por volta de dez de 1903.

1904

Marie é oficialmente reconhecida como membro da Faculdade de Ciências da Universidade de Paris com direito a salário. Até então, sua presença no laboratório era apenas tolerada. Marie trabalhou durante cinco anos apenas por paixão à Ciência e demorou cinco anos para que fosse reconhecida.

38

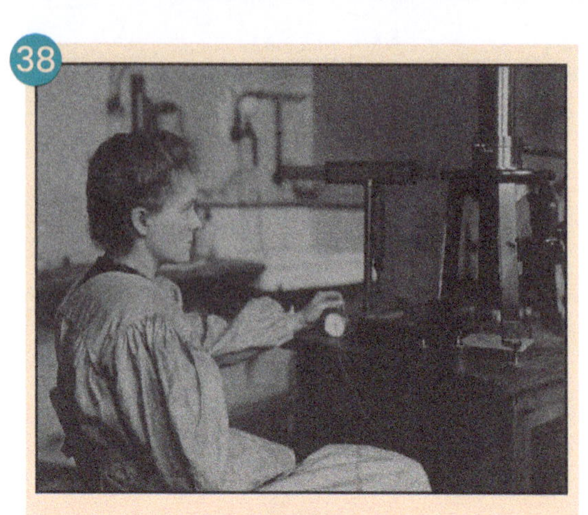

1904

Marie Curie em seu laboratório em 1904.

39

Pierre em sala de aula em 1904.

1904

Pierre torna-se professor na *Sorbonne Université* em 1904.

40

Jan de 1904

Capa do jornal *"Le Petit Parisien"* com Pierre e Marie Curie em seu laboratório em 1904.

41

Ilustração do casal Curie em 1904.

Sabe-se que a pesquisa do casal Curie foi iniciada por Marie. A ideia, a visão e a análise inicial foram de Marie e Pierre ingressou na pesquisa de Marie após ver o potencial da investigação. Então, Marie é a idealizadora, certo? Bom, para a sociedade da época, Marie era apenas uma auxiliar de Pierre e é possível ver esse pensamento na ilustração 39. Pierre foi representado como o centro e no centro da imagem, segurando o precioso Rádio, enquanto Marie está atrás de Pierre, de forma submissa, representada à margem de Pierre e demonstrando o seu apoio e auxílio à Pierre.

42

Marie e suas filhas, Irène e Eva, no jardim de sua casa no verão de 1908.

6 de Dez de 1904

Eva Curie, segunda filha do casal Curies, nasceu.

1899 - 1904

O casal Curie publicou 32 artigos sobre a radioatividade e substâncias radioativas.

43

Funeral de Pierre na região do *Boulevard Kellermann* em 1906.

19 de Abr de 1906

Pierre Curie morreu ao atravessar a rua, atropelado por uma carroça.

5 de Nov de 1906

Marie era a única pessoa à altura de Pierre para continuar as aulas do mesmo na *Sorbonne.* Assim, Marie tornou-se a primeira professora mulher, não apenas da *Sorbonne,* mas de toda a França.

44

L'ILLUSTRATION

SAMEDI 10 NOVEMBRE 1906

Nov de 1906

Capa do jornal *"L'Illustration"* com ilustração de Marie Curie em sala de aula.

1907 - 1908

Por preocupação com a educação das filhas e, a partir da sugestão de Marie, a Cooperativa foi criada. Grandes nomes da época davam aulas aos filhos dos professores envolvidos.

45

1908

Marie em seu laboratório por volta de 1908.

46

1908

Marie em seu laboratório em 1908.

1910

Marie publicou o "Tratado de Radioatividade".

1911

Ocorreu a primeira Conferência de Solvay. Marie Curie era a única cientista mulher participante.

Dez de 1911

Marie Curie recebeu o Prêmio Nobel em Química de 1911. Marie recebeu a premiação "em reconhecimento ao serviço que ela prestou para o avanço da Química por descobrir os elementos Rádio e Polônio, por isolar o Rádio e por estudar a natureza e compostos deste notável elemento". Nesse momento, Marie estava passando por problemas pessoais com a repercussão de um escândalo envolvendo sua vida privada. Por conta disso, um membro da Academia solicitou a Marie que a mesma recusasse o prêmio. Marie logo respondeu que a premiação era devido a descoberta do Rádio e do Polônio e não devido a acontecimentos da sua vida particular. É possível perceber, com os acontecimentos do Prêmio Nobel de 1903 e de 1911, o preconceito da Academia em laurear mulheres.

49

1911

Marie Curie, nascida Sklodowska, para o Prêmio Nobel em Química de 1911.

50

1911

Certificado da premiação em 1911.

51

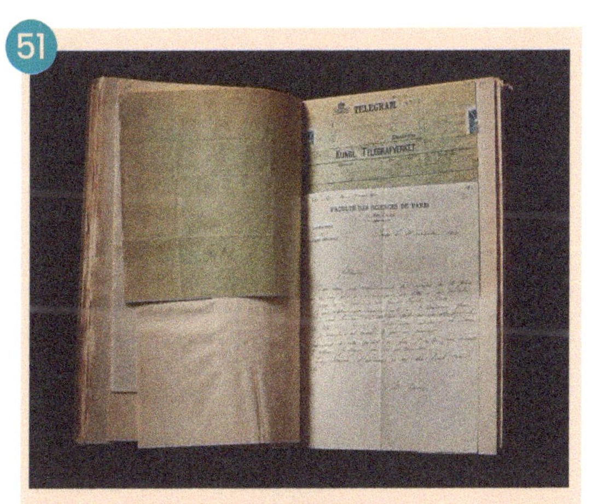

1911

Carta de Marie à Academia Real Sueca de Ciências agradecendo a premiação em 1911.

1912

Marie teve sérios problemas de saúde, precisando passar por cirurgia e acabou ficando com sua saúde debilitada, comprometendo sua produção científica.

1912

Marie foi convidada a dirigir um laboratório de radioatividade em sua cidade natal, Varsóvia, pois o país havia conquistado uma certa liberdade após a Revolução de 1905. Pela primeira vez, Marie discursou seu trabalho em polonês e também participou de um evento no Museu de Indústria e Agricultura, onde havia feito seus primeiros experimentos. Não pode aceitar o cargo, mas se dispôs a orientar à distância o novo laboratório, além de enviar dois dos seus melhores assistentes.

1913

Marie recebeu o título *Honoris causa* ou *Doctor Honoris Causa* na *University of Birmingham.*

52

1913

Marie Curie na *University of Birminghamham* em 1913.

53

1913

Marie em seu laboratório em 1913.

31 de Jul de 1914

Conclusão da construção do Instituto do Rádio em Paris. O Instituto consistia em dois laboratórios, um destinado às pesquisas sobre radioatividade sob supervisão da *Sorbonne* e outro destinado às pesquisas relacionadas aos efeitos biológicos e médicos da radiação sob supervisão do Instituto Pasteur.

Ago de 1914

Declarada a Primeira Guerra Mundial. Quando Marie percebeu que os hospitais do *front* não tinham instalações de raio X, rapidamente procurou por uma solução. Fez um inventário de todos os aparelhos existentes em laboratórios das universidades, incluindo o seu, e redistribuiu aos hospitais que necessitavam.

1914 – 1918

Com apoio e recurso da União das Mulheres Francesas e de doações particulares, Marie criou a primeira "viatura radiológica". Carinhosamente, os soldados apelidaram as viaturas de *"Petites Curies"* (Pequenos Curies, em tradução livre).

A "viatura radiológica" é um carro comum, com um tubo de raio X ligado ao motor do carro. Marie equipou 20 carros, um por um, sozinha, em seu laboratório e ficou com um carro para si. Viajava para onde fosse necessário com o motorista e, quando não tinha motorista disponível, ela mesmo dirigia. Em cada local em que parava, já analisava a possibilidade de instalar equipamentos fixos nos hospitais. Assim, Marie instalou mais 200 equipamentos fixos de raios X. O número de feridos examinados nestes 220 postos foi superior a um milhão.

54

1917

Marie Curie dirigindo um carro radiológico, conhecido hoje como raio X móvel, em 1917.

55

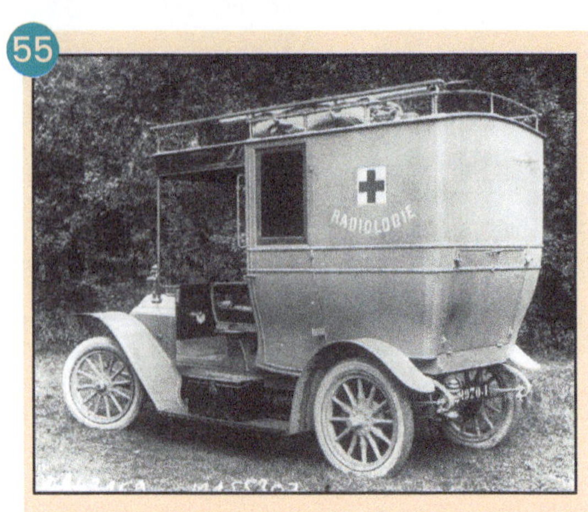

Raio X móvel

Um raio X móvel de Marie Curie usado pelo exército francês.

56

Irène Curie

Irène Curie também trabalhou como enfermeira radiológica na Primeira Guerra Mundial.

57

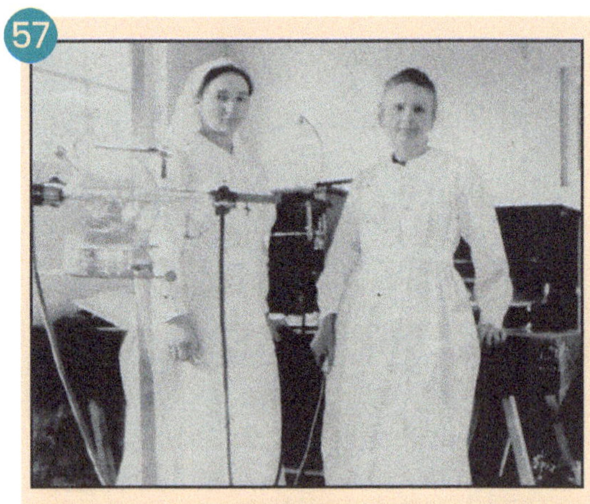

Hoogstade Hospital

Marie e Irène Curie no *Hoogstade Hospital* na Bélgica em 1915.

58

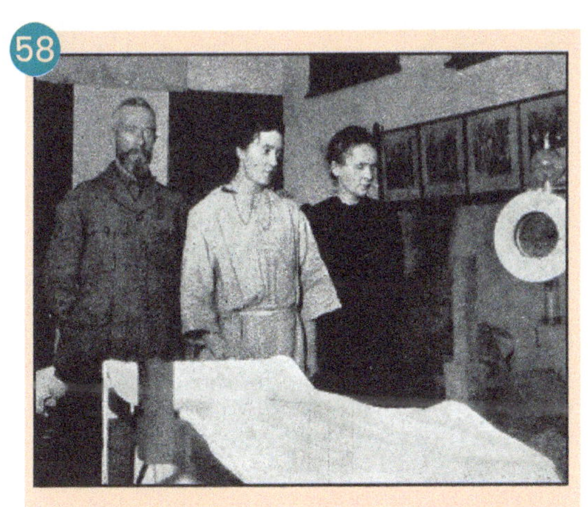

Hospital de Campanha

Marie Curie visitando um hospital de campanha britânico em 1915.

1914-1918

Marie criou um serviço de "Emanação de Rádio" para ajudar na cicatrização de ferimentos e lesões de pele. De oito em oito dias, o Rádio decai para Radônio que antigamente era chamado de Emanação de Rádio. O Radônio é um elemento gasoso com as mesmas propriedades terapêuticas do Rádio e Marie armazenava o gás em tubos enenviava aos hospitais do *front*. Após a guerra, a produção e o tratamento com Radônio continuou.

59

Caixa de Chumbo

Caixa de chumbo onde eram transportados os tubos de Radônio.

60

Manuseio de ampolas de Radônio

Manipulação de ampolas de Radônio no Instituto do Rádio em janeiro de 1921. Nesse época, os efeitos biológicos da radiação já eram conhecidos pela comunidade e o equipamento utilizado possui proteção contra a radiação.

1916 - 1918

Marie havia criado as viaturas radiológicas, mas não existiam pessoas qualificadas para manipular os equipamentos. Percebendo isso, Marie criou um curso com ajuda da cientista Senhorita Klein e de Irène. O grupo ensinou lições teóricas sobre eletricidade e raios X, exercícios práticos e anatomia. Inicialmente, o programa recrutou 150 mulheres que chegaram com diferentes níveis culturais e de ensino, e as formou enfermeiras-radiologistas.

61

1916

Marie em sala de aula, no seu laboratório, no curso para enfermeiras radiológicas em 1916.

62

1919

Marie e Irène posando com os estudantes no Instituto do Rádio em 1919.

63

1920

Pavilhão Curie no Instituto do Rádio por volta de 1920.

1920

Criação da Fundação Curie, com objetivo de estudar os efeitos biológicos da radioatividade.

64

Marie Curie e Claudius Regaud

Marie Curie e Claudius Regaud (1870-1940), médico pioneiro na radiobiologia e na radioterapia no Instituto Curie.

1920

A curieterapia externa, conhecida hoje no Brasil como braquiterapia, utilizava o sal de cloreto ou brometo de Rádio em contato com a área a ser irradiada. Após, o Rádio começou a ser utilizado em contato com áreas intracavitárias a partir do desenvolvimento de novos equipamentos por Claudius Regaud. Quando o tumor não estava acessível, foi desenvolvido por Walter Stevenson uma outra técnica chamada punção de Rádio.

65

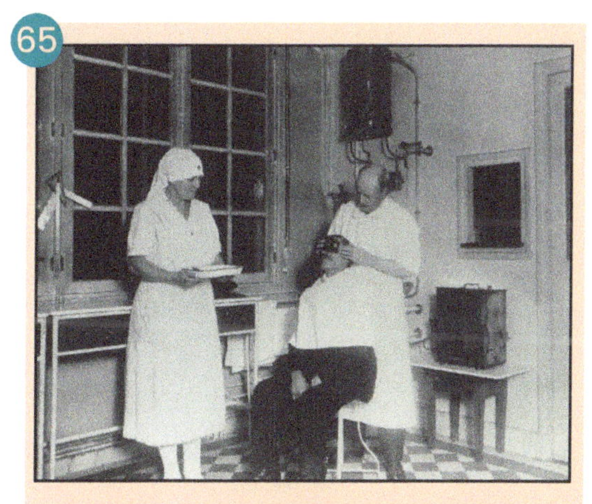

1920

Preparação de um molde que comporta a fonte radioativa em 1920.

66

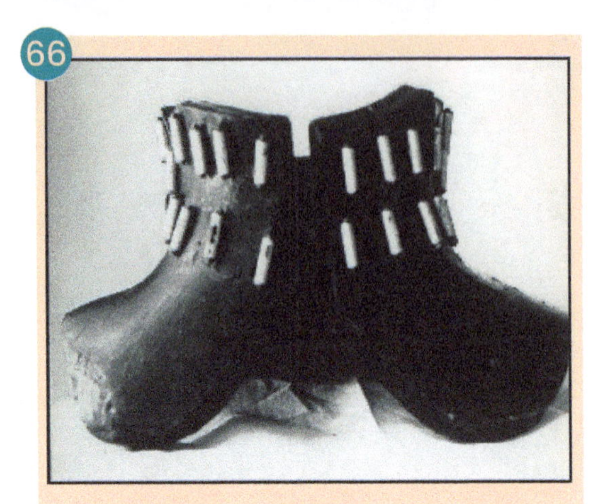

1920

Molde para braquiterapia em 1920.

67

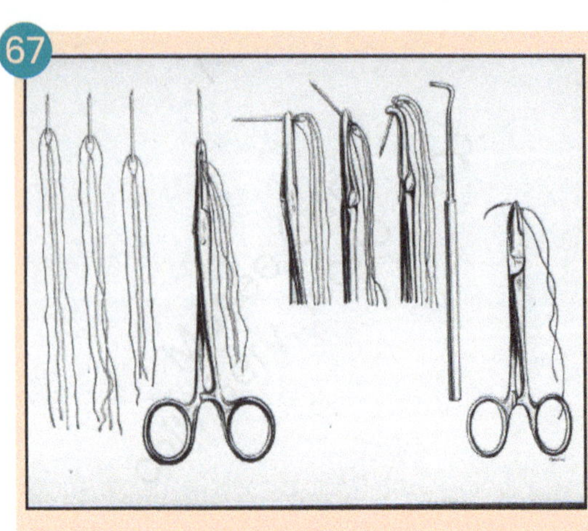

1920

Desenho de equipamento para punção de Rádio por volta de 1920.

68

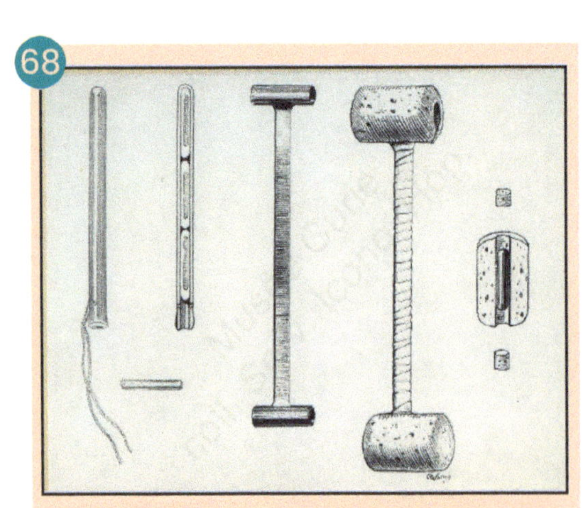

1930

Desenho de equipamento para braquiterapia intracavitária em 1930.

1920

A jornalista americana William Brown Meloney, grande fã de Marie, entrou em contato com a mesma, pois queria apresentar Marie à América.

69

1921

Marie Curie com Mary Meloney nos EUA em 1921.

70

Abr de 1921

Marie em seu laboratório de Química no Instituto do Rádio em abr de 1921.

71

20 de Mai de 1921

Marie Curie e o Presidente dos EUA, Warren G. Harding, na Casa Branca em 20 de mai de 1921.

72

20 de Mai de 1921

Marie recebe 1g de Rádio oferecido pelo Presidente dos EUA, Warren G. Harding, adquirido através de doações, em 20 de mai de 1921.

73

Caixa de Chumbo

Caixa de chumbo que continha 1g de Rádio presenteado à Marie em 1921.

74

Caixa de Chumbo

Caixa de chumbo aberta.

75

1921

Marie conversando com dois diretores do *Standard Chemical Company*, fabricante de Rádio, em Pittsburgo em 1921.

1921

Marie publicou o livro "A Radiologia e a Guerra".

76

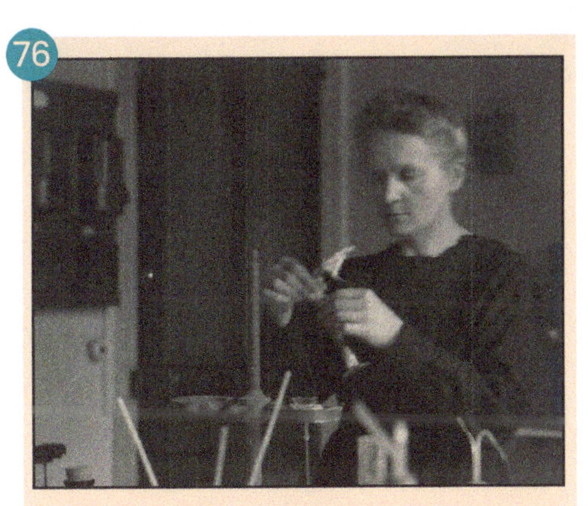

1921

Marie em seu laboratório de Química no Instituto do Rádio em 1921.

77

1921

Marie em sua mesa em 1921.

4 de Jan de 1922

Marie participou da Comissão Internacional para a Cooperação Intelectual. "A UNESCO tem as suas origens numa série de esforços (...) para estabelecer uma cooperação internacional com o fim de assegurar a paz." [19] A Liga das Nações construiu uma Comissão Internacional para a Cooperação Intelectual, com sede em Genebra, criada em 4 de jan de 1922.

78

...ational University Information Office. — (8) Methods of archæological research. — (9) International collaboration in a... — (10) International Museums Office. — (11) Instruction of youth in the aims and work of the League.

Professor BERGSON
First Chairman of the International Committee (1922-1926)

The late Professor LORENTZ
Second Chairman (1926-1928)

Professor Gilbert MURRAY
Present Chairman

Professor CURIE-SKLODOWSKA

Professor EINSTEIN

Professor ROCCO

...he 1924 Assembly acceded to the proposal of the French Government to establish an International Institute of Intellectual Co...

UNESCO

Nota da criação da Comissão Internacional para a Cooperação Intelectual.

7 de Fev de 1922

Marie Curie foi eleita membro da Academia Nacional de Medicina da França pela sua contribuição no tratamento da curieterapia.

79

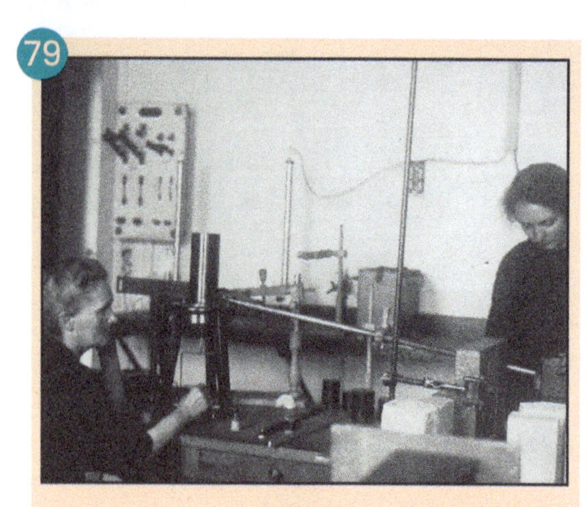

1922

Marie e Irène no Instituto do Rádio em 1922.

80

26 de Dez de 1923

Cerimônia oficial do 25º aniversário da descoberta do Rádio na *Sorbonne*.

81

1923

Marie no terraço do pavilhão Curie no Instituto do Rádio em 1923.

17 de Ago de 1926

Marie e Irène visitaram o Rio de Janeiro.

82

1926

O médico Borges da Costa (de bigode), a cientista Marie Curie (ao centro) e Irène Joliot-Curie (à esquerda de Marie), durante visita ao Instituto de Rádio de Belo Horizonte, em 1926.

83

29 de Jul de 1926

Visita de Marie e Irène ao Museu Nacional do Rio de Janeiro em 29 de julho de 1926.

84

Rio de Janeiro

Visita de Marie e Irène no Rio de Janeiro.

85

Out de 1927

A Quinta Conferência de Solvay em 1927.

86

1929

Marie, Mrs Meloney e Mrs Mead, em uma foto tirada após um jantar durante a segunda viagem de Marie aos EUA em 1929.

87

1930

Marie e Irène na escadaria em frente ao Instituto do Rádio em Paris em 1930.

88

1930

Instituto do Rádio em Varsóvia em 1930.

29 de Mai de 1932

Marie participou da cerimônia de abertura do Instituto do Rádio em Varsóvia.

89

1932

Marie plantando uma árvore no Instituto do Rádio em Varsóvia 1932.

Mar de 1934

Poucos meses antes de falecer, Marie estava preocupada com o destino do Rádio que possuía para pesquisa. Após o casal Curie descobrir o elemento e criar o processo de purificação do mesmo, o valor comercial do Rádio era maior que o valor de um diamante de mesma massa. Assim, Marie fez um "Testamento do Rádio", no qual descrevia que o mesmo deveria ser utilizado por Irène em pesquisas futuras.

90

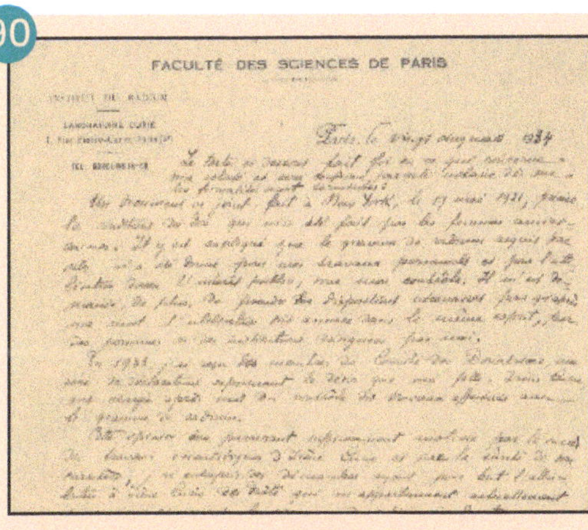

FACULTÉ DES SCIENCES DE PARIS

1934

"Testamento do Rádio" escrito por Marie em março de 1934.

91

1934

Marie Curie em 1934.

4 de Jul de 1934

Marie Curie morreu provavelmente devido a anemia medular. Marie foi enterrada no túmulo da família Curie.

92

Dez de 1935

Fréderic Joliot, André Debierne e Irène Joliot-Curie durante a festa de premiação do Nobel em Química para o casal Joliot-Curie em dez de 1935.

93

1947

Irène em seu escritório no laboratório Curie no Instituto do Rádio em 1947.

1958

O Instituto do Rádio ficou em funcionamento até 1960. Com a morte de Marie, André Debierne (1874-1949), químico próximo a Marie, assumiu a direção do Instituto. Em 1946, Irène Joliot-Curie, filha mais velha de Marie, assumiu a direção do Instituto até sua morte em 1956 e, após a morte de Irène, Fréderic Joliot, marido de Irène, assumiu a direção do Instituto até sua morte em 1960.

1970

Fusão da Fundação Curie e do Instituto do Rádio, tornando-se Instituto Curie.

20 de Abr de 1995

Transferência das cinzas do casal Curie ao Panthéon, em cerimônia de homenagem.

94

Panthéon

Túmulos de Marie e Pierre Curie no Panthéon em Paris.

95

1934

Escritório particular de Marie por volta de 1934.

96

Escritório particular de Marie

Escritório particular de Marie em 2012 do antigo Instituto do Rádio, onde hoje é o Museu Curie.

97

1923

Marie no terraço do pavilhão Curie no Instituto do Rádio, em frente ao seu laboratório de Química pessoal, em 1923.

98

Instituto do Rádio atualmente

Após 1960, o prédio foi preservado e hoje possui uma exibição permanente do Museu Curie.

BIOGRAFIA DE MARIE CURIE

M. Skłodowska Curie

Marie Curie nasceu em 7 de novembro de 1867, em Varsóvia, Reino da Polônia (ou Polônia do Congresso ou Polônia Russa), parte do Império Russo (1721-1917), recebendo o nome de Marya Salomea Sklodowska. Sua mãe se chamava Bronislawa Boguska Sklodowska e seu pai Wladyslaw Sklodowski, os quais tiveram cinco filhos: Sofia (apelidada de Zosia), Josef (apelidado de Jozio), Bronislawa (apelidada de Bronia), Helena (apelidada de Hela) e Marya (apelidada de Mania).

Marie casou, em 26 de julho de 1895, com Pierre Curie, quando assumiu o nome de Marie Curie e assim ficou conhecida. Com Pierre teve duas filhas, Irène Curie, em 1897, e Eva Curie, em 1904. Por conta da discrepância das grafias dos nomes da família de Curie, tomou-se como base a biografia MADAME CURIE, escrita por EVA CURIE, com tradução de Monteiro Lobatto, 10ª edição, publicada pela editora Companhia Editora Nacional.

Em Savoy, França, no dia 4 de julho de 1934, aos 66 anos, Curie morreu devido à anemia medular, provavelmente por conta da exposição prolongada à radiação.

O momento histórico político do nascimento de Curie e sua primeira inspiração

Para iniciar o relato de quem foi Marya Salomea Sklodowska, faz-se necessário situar o leitor à época. O momento histórico político caótico na Polônia, que precedeu o nascimento de Curie e que se manteve durante sua vida, é essencial para entender os estímulos que Curie recebeu. Curie não teve uma única figura marcante em quem se inspirar, ainda cedo, além da própria força, esforço e trabalho. Curie nasceu em uma família de educadores e de pessoas excepcionais, muito acima do padrão. Entre os seus, a futura Marie Curie não parecia excepcional[13], mas destacava-se ao adentrar em locais menos elevados culturalmente. Por isso, Curie sentia muito orgulho de sua família que, como inteira, serviu de estímulo. Assim, segue um pouco da história da família Sklodowski.

Seu pai, Wladyslaw, ensinava matemática e física e, em 1868, foi nomeado subinspetor de um ginásio para meninos, onde já lecionava. Ao perder a posição de subinspetor, em 1873, a família passou a ter dificuldades financeiras. Então, Wladyslaw começou a receber, em sua casa, alguns pensionistas para aulas particulares, quarto e alimentação. De um dos pensionistas, Zosia e Bronia pegaram tifo, em 1876, e, infelizmente, Zosia não resistiu. Sua mãe, Bronislawa, apesar da morte precoce em 1878, por conta da tuberculose, foi professora e mais tarde diretora[13] em um dos melhores pensionatos particulares para moças, das melhores famílias de Varsóvia. Bronia, ao completar o Ensino Médio, recebeu uma Medalha de Ouro por se formar com excelentes notas e, depois, assumiu as tarefas da casa e dos pensionistas. Joseph também se formou com as melhores notas e, assim como Bronia, recebeu uma Medalha de Ouro. Por ser homem, conseguiu acesso fácil à universidade para cursar Medicina. Hela, por sua vez, estava dividida entre a carreira artística e a licenciatura. A infância de Mania girava em torno dos ginásios, pensionatos e escolas e, segundo Curie[13], Mania deveria achar que o universo era uma enorme escola, onde existiam apenas professores e alunos.

A Polônia estava enfraquecida devido a sucessivas guerras e invasões e, em 1772, seu território é partido pela primeira vez entre a Áustria, a Prússia – atual Alemanha – e a Rússia. Em 1793, é novamente partida entre os mesmos países vizinhos e, em 1795, ocorre a última partição da Polônia, fazendo com que o país deixasse de existir por muitos anos. A Rússia ficou com o maior território, que passou a ser chamado de Polônia do Congresso ou Polônia Russa e incluía a cidade de Varsóvia, onde Marya viria a nascer.

Durante todos esses anos, os poloneses organizavam rebeliões contra seus opressores, mas sem sucesso. A cada tentativa fracassada, a opressão era reforçada e, depois da derrota de 1863, em que os rebeldes só dispunham de machados, foices e gadanhos para lutar contra os fuzis tzaristas[1] [13], o movimento de russificação começou a ser espalhado pela Polônia Russa, enviando todo o tipo de profissional para que ficasse "de olho" na população. Segundo Curie[13], o objetivo da russificação era matar, pouco a pouco, a alma do povo polonês. A principal atuação do movimento de russificação era interferir na educação. A língua, os livros, a história e os costumes poloneses foram proibidos, e

1. Tzaristas: está relacionado com o tzarismo, tsarismo ou czarismo, e ao regime político russo que vigorou na Rússia até a revolução bolchevista de 1917.

a língua russa passou a ser ensinada junto de sua história e costumes, com a implementação de novos livros russos como base de estudo.

Os poloneses, percebendo a discrepância da sua força em comparação com a força russa, sabiam que não existiam condições de reconquistar sua liberdade à força[13], então, a forma de lutar mudou, através da educação que acontecia clandestinamente. Segundo Curie[13], todos aqueles que influenciavam o espírito de novas gerações – os intelectuais, os professores, os artistas e os sacerdotes – fizeram a linha de frente ao combate russo, mantendo a tradição polonesa viva.

A Formação Acadêmica de Curie na Polônia

Mania alfabetizou-se em 1871, enquanto brincava com Bronia, já que estava na idade de alfabetização, e resolveu "brincar de ensinar" o alfabeto à irmã caçula. Com 4 anos, Mania lia com entusiasmo e facilidade, a ponto de seus pais terem que esconder os livros, pois estavam preocupados com a precocidade da filha e sugeriram atividades de acordo com sua idade toda a vez que Mania se "espichava" para pegar algum livro.

O pai de Mania, Wladyslaw, possuía em seu escritório alguns equipamentos de Física, que a encantavam: um barômetro de precisão, com agulhas douradas brilhosas e, em um armário envidraçado, tubos de vidro e vidrarias de laboratório, balanças, amostras de minérios e até um eletroscópio com folhas de ouro. O professor costumava levar esses equipamentos para suas aulas, mas as horas de ensino de ciência haviam sido reduzidas pelo governo, como forma de censura. Mania não sabia o que cada equipamento fazia, mas quando descobriu o nome daquilo que a encantava tanto, os "aparelhos de física", repetia cantarolando, quando de bom humor.

Aos 10 anos, em 1877, Mania já havia iniciado sua educação formal no pensionato particular Sikorska, e estava na mesma turma que sua irmã mais velha Hela, mesmo sendo dois anos mais nova que o restante da turma. Mania achava tudo fácil e era a primeira em cálculo, literatura, alemão e francês.

Durante uma aula clandestina sobre a história da Polônia, assunto proibido em toda a Polônia Russa, o alarme soa informando a visita do inspetor russo. Silenciosamente, professora e alunas, patriotas cúmplices, recolhem os livros e os cadernos, também censurados, para esconder no dormitório. Em pouco tempo, o inspetor chega à sala e encontra 25 meninas costurando. Mania, apesar de ser a mais nova, é a mais adiantada e a que melhor fala russo, que, segundo Curie[13], parece até ter nascido em Petersburgo, por seu sotaque perfeito. É sempre a escolhida, a responsável para enfrentar a interrogação do inspetor. Com o inspetor satisfeito e o exame finalizado, Mania desaba em choro.

Mania possuía, ainda, uma memória excelente. Bastava ler ou ouvir algo duas vezes que já era o suficiente para pronunciar sem erros. Além disso, possuía um dom de concentração. Quando iniciava uma leitura, nada tirava seu foco, não ouvia, nem via o que estava acontecendo ao seu redor.

Segundo Curie[13], a transição para o ginásio imperial, em que o poder da russificação era onipotente, foi necessária, pois só assim conseguiria um diploma válido. Mania adorava e venerava as aulas de matemática e ciências naturais, pois ambos os professores eram polacos e, portanto, cúmplices. A educação oficial da russificação era naturalmente odiada, mesmo quando as lições acrescentavam ensinamentos importantes. Mania terminou os estudos com as melhores notas, assim como Bronia e Joseph, e recebeu uma Medalha de Ouro, a terceira na casa Sklodowski.

Como presente por todo esforço e dedicação nos estudos, seu pai, Wladyslaw, decidiu que Mania iria passar um ano no campo, de férias, visitando diferentes cidades e familiares. Então, Mania descobre a ociosidade e aproveita as férias como se fosse a infância que não teve, período em que esteve preocupada em ler e conhecer.

Mania voltou para casa e o pensionato de seu pai havia fechado. Os sábados eram reservados a sessões literárias de Wladyslaw e seus filhos, e esses eventos, somados a sua infância faminta por conhecimento, Mania evoluiu numa atmosfera intelectual de rara qualidade[13]. Com a aposentadoria de Wladyslaw, logo o problema financeiro alcançou novamente a família, e seus filhos começam a dar aulas particulares.

Mania tinha desejo de servir à Polônia acima de tudo, inclusive de seus interesses pessoais. Ela e suas irmãs começaram a participar da Universidade Volante, que possuía cursos de história natural, anatomia e sociologia, lecionados clandestinamente na casa dos participantes. Sobre esse período, 40 anos depois, Curie comentou "Impossível construirmos um mundo melhor sem melhorarmos o indivíduo. Assim, cada um de nós deve trabalhar para o aperfeiçoamento próprio (...)" [8, p.43]. Segundo Curie[13], Mania também começou a lecionar para o povo, e desejava reformar a ordem social estabelecida, esclarecer a população. Entre as aulas secretas, Mania passava o tempo em seu quarto, estudando.

Nesta época, Joseph e Hela já estavam com suas vidas encaminhadas, e Mania preocupava-se muito com o futuro de

Bronia, que tinha o sonho de estudar Medicina na França. Em 1884, Mania sugere uma parceria com Bronia. Na França, durante um ano, Bronia iria viver com suas economias, enquanto Mania trabalharia como preceptora para lhe enviar dinheiro, junto com seu pai. Após formada, seria a vez de Mania ir estudar com o auxílio financeiro de Bronia. Na primeira tentativa, percebe que não recebe o suficiente e, por trabalhar na cidade onde vive, Varsóvia, acabava possuindo muitos gastos. Então, aceita um trabalho no campo e, em 1886, parte, ficando, pela primeira vez, sozinha.

Durante seu tempo como preceptora, Mania colocou novamente em prática seu desejo de ensinar o povo, em segredo. Muitas crianças da aldeia eram analfabetas e, aquelas que frequentavam a escola, só aprendiam russo, não tendo mais nenhum contato com suas origens polonesas. O russo era tudo o que as crianças conheciam. Mania sentia-se impotente por ver todo o potencial não desenvolvido sendo "jogado fora", pois as mesmas almejavam apenas aprender a ler e a escrever, não desejavam mais nada.

Enquanto isso, Mania desejava a França, pois acreditava que em Paris todos os conhecimentos e todas as crenças eram respeitadas. Desejava o prestígio da *Sorbonne Université,* mas quanto mais tempo ficava longe de seu objetivo mais longe seu objetivo parecia estar, chegando até a desistir do mesmo, aceitando sua situação atual, como se não fosse possível melhorar ou evoluir. Mesmo assim, continuou seus estudos por conta própria, sentindo-se frustrada por ter apenas um livro de química para estudar – considerava isso um absurdo.

Em 1889, os serviços como preceptora de Mania chegam ao fim, foi despedida. Encontrou novo serviço e, após finalizar seu contrato, ficou um ano em Varsóvia, onde morava com seu pai, pois queria lhe dar um pouco de felicidade e companheirismo. Ao reencontrar seu lar e, consequentemente, a atmosfera intelectual onde crescera, Mania reencontrou a disposição para enfrentar tudo por seu sonho.

No Museu de Indústria e Agricultura (mera fachada para esconder dos russos uma universidade clandestina), Mania tem sua primeira experiência em um laboratório. Reproduziu diversos experimentos de física e de química, encontrando ora resultados interessantes e animadores, ora frustração por acidentes causados devido à própria inexperiência. Percebeu, assim, que o progresso é devagar e difícil, mas encontrou sua vocação.

Com ânimo e, principalmente, dinheiro, tem moradia e alimentação fornecidas por Bronia. Oito anos após deixar o ginásio, finalmente chegou a hora de planejar sua viagem para a França. Seu plano era completar os estudos e voltar a Varsóvia para lecionar, após dois ou três anos.

A Formação Acadêmica de Curie na Polônia

Ao chegar em Paris, Mania fica encantada com a liberdade da população, pois respirava pela primeira vez o ar de um país livre. Considerava quase um milagre as pessoas poderem falar a língua que quisessem e ler os livros que quisessem, obras essas de todo o mundo. O mais empolgante era encontrar uma universidade acessível! Em novembro de 1891, os cursos na *Sorbonne Université* foram abertos, podendo realizar seu desejo de cursar a Faculdade de Ciências e assistir as aulas que quisesse. Preencheu sua ficha de inscrição, adaptando o seu nome para Marie Sklodowska, a francês. Na época, eram 210 mulheres estudantes em um total de quase 9 mil alunos[14]. Como boa patriota que foi, não abriu mão de seu sobrenome.

Logo encontrou o seu primeiro obstáculo: a língua. Até iniciar o curso, considerava o seu francês perfeito, mas durante as aulas acabava perdendo algumas frases. O segundo obstáculo: a ciência. Todo o seu esforço durante anos estudando sozinha, com o que tinha a disposição, não foi o suficiente em comparação com as escolas francesas, que preparavam os alunos para seguir os estudos. Segundo Curie[13], em pouco tempo, Marie descobriu lacunas preocupantes em seu conhecimento de matemática e física. Apesar disso, sentia-se completamente feliz.

A casa de sua irmã, Bronia, já casada com Casimir Dluski, onde morava, era o ponto de encontro do círculo de amizade de Bronia e Casimir. Ambos eram médicos e, durante a noite, eram seguidos os toques de campainha que chamavam Bronia para a realização de algum parto. Marie necessitava de reclusão para dar conta dos seus estudos. Então, a solução foi procurar por uma moradia econômica perto da universidade.

Encontrou o lugar perfeito a vinte minutos da universidade. Agora que possuía mais gastos com aluguel e alimentação, economizava o máximo possível. Estudava na biblioteca *Saint-Geneviève* até o horário de fechar, pois, assim, poupava os gastos com aquecimento e iluminação. Durante o inverno, quando o carvão acabava e esquecia-se de comprar mais, não ligava o aquecedor e continuava estudando com suas mãos e pés congelando, mas por conta de sua concentração, nem percebia.

Marie também não possuía uma boa alimentação, chegando a passar semanas comendo apenas pão com manteiga e chá. Por conta disso, tinha frequentes desmaios e chegou a considerar estar doente, mas nem imaginava que era devido à fraqueza[2]. Também se deslocava a pé pela cidade.

Marie só tinha tempo para um objetivo: estudar. Fazia, ao mesmo tempo, os cursos de matemática, de química e de física. Apenas um diploma não era o suficiente, precisava conhecer tudo. Através das instruções das aulas experimentais e a frequência na realização de experimentos, sua técnica foi aperfeiçoada e naturalizada. O clima dos laboratórios, de pura concentração e silêncio, era de longe seu ambiente preferido. Em 1893, formou-se em primeiro lugar em Física.

A situação financeira de Marie chegava a um ponto crítico: estava a ponto de desistir dos estudos por falta de dinheiro para se manter. Uma grande amiga, Mademoiselle Dydynska, sabia da sua necessidade e estava certa de que sua amiga teria um grande futuro a frente[13]. Conseguiu a Bolsa Alexandrowitch, em 1893, para estudantes estrangeiros. Com isso, Marie conseguiu dinheiro para se manter por mais de um ano para terminar seus estudos e, em 1894, ficou em segundo lugar no curso de Matemática.

---

2. A partir desse momento de vida de Curie, é necessário sinalizar e refletir sobre a romantização do sofrimento, pois a pobreza e a dificuldade não são desejadas, românticas ou louváveis. São construções e resultados das relações sociais. Essa reflexão se dá pela necessidade de alertar os leitores a fim de não romantizarem o sofrimento e não acreditem que só é possível alcançar o que Curie alcançou por ter sofrido, como uma condição *finne qua non.*

Ainda em 1894, conhece Pierre Curie, por intermédio de um casal de amigos polacos, que, ao saberem da dificuldade de Marie em encontrar um local apropriado para continuar seus experimentos encomendados pela *Societé d'Encouragement pour l'Industrie Nationale* (S. E. I. N.), sobre as propriedades magnéticas de diversos aços, combinaram um jantar.

Pierre ficou deslumbrado com tamanha persistência. Tanto Marie quanto Pierre conversaram sobre seus projetos e o que buscavam descobrir com seus experimentos. Um diálogo científico de alto nível. Pierre lembrou-se de anos antes escrever em seu diário "(...) mulheres de gênio são raras" [13, p.101]. Assim como Marie, Pierre não tinha interesse em outros assuntos, principalmente amorosos, além da Ciência, até conhecê-la.

A amizade e a admiração de ambos cresceram, e ao conversarem sobre suas famílias percebem que eram extremamente parecidas. O ambiente em que Pierre cresceu foi o mesmo de Marie. "O mesmo respeito pela cultura, o mesmo amor pela ciência, a mesma solidariedade afetuosa entre pais e filhos, o mesmo apaixonado gosto pela natureza" [8, p.108]. O casamento demora a acontecer. Marie não tinha coragem de abandonar a família e seu país. Em 1895, Marie recebeu o consentimento de sua família e se casa em uma cerimônia simples, sem religiosidade. A partir desse momento, são cérebros geniosos pensando juntos.

Pierre trabalhava na Escola de Física e Marie estava se preparando para um concurso para professora no mesmo local, no qual obteve o primeiro lugar. O pensamento de que deveria, como mulher, escolher entre a vida familiar, como mãe e esposa, e a carreira científica, nem lhe ocorre, e Pierre sabe disso. "Quer que sejam suas a mulher, a polonesa e a cientista; essas três entidades lhe são indispensáveis." [13, p.114]

Em 1897, finalizou o relatório encomendado pela *Societé d'Encouragement pour l'Industrie Nationale* (S. E. I. N.) e, com o dinheiro recebido, seu primeiro pagamento, devolveu o dinheiro da bolsa que recebeu anos antes. Segundo Curie[13], um feito que até então não havia sido realizado por mais ninguém. Marie não gostaria de privar outro estudante de receber a bolsa que, para ela, salvou sua vida.

Marie estava pronta para focar na próxima etapa de sua carreira: o doutorado, então, revisou todas as últimas publicações, pois queria produzir algo inédito. O trabalho de Henri Becquerel, publicado em 1896, chamou a atenção de Marie. Becquerel descobriu, por acaso, a emissão espontânea de raios, chamados de raios "urânicos", dos Sais de Urânio, após o composto ter feito uma impressão em uma chapa fotográfica, mesmo estando embrulhado.

Na Escola de Física, foi autorizado à Marie a utilização de um depósito e sala de máquinas, que não tinha instalação elétrica, nem os aparelhos necessários para realização dos experimentos. A alta umidade e a variação de temperatura da sala ainda prejudicavam os eletrômetros de alta sensibilidade. Mesmo assim, Marie não desanimou.

Marie mediu o poder de ionização dos raios do Urânio e em uma semana já conhecia algumas propriedades do fenômeno, o que a levou a crer que o fenômeno era uma propriedade intrínseco ao material, ou seja, era uma propriedade atômica – nessa época, a Ciência possuía pouquíssimo conhecimento acerca do átomo: o que é, qual sua estrutura, entre outras características. Averiguou todos os elementos conhecidos até então. Assim, descobriu que a quantidade de radiação emitida é proporcional à quantidade do material radioativo contido na amostra examinada, e que o Tório também emite raios como o Urânio e, portanto, o fenômeno necessitava de uma outra nomenclatura. Marie nomeou o fenômeno encontrado ao acaso por Becquerel como radioatividade.

Após, Pierre sugeriu que Marie escolhesse novos compostos para análise da Escola de Física. Marie encontrou, na *pechblenda*[3], um grau de radiação muito maior que o encontrado no Urânio e no Tório. Repetiu o experimento diversas vezes, obtendo sempre o mesmo resultado. Não era um erro experimental. A quantidade de Urânio e Tório não eram o suficiente para a intensidade da radiação medida. A genialidade de Marie mostra-se, novamente, ao pensar na hipótese da existência de um novo elemento, pois já tinha examinado todos os elementos conhecidos.

3. A *pechblenda* é uma variedade, provavelmente impura, de uraninita. Dela é retirado o urânio, que é constituinte de muitas rochas. É extraído do minério, purificado e concentrado sob a forma de um sal de cor amarela, conhecido como *"yellowcake"*, que significa, literalmente, "bolo amarelo". Deve seu nome à intensa coloração amarela, característica dos compostos secundários de urânio.

Em 1898, Marie comunicou à comunidade científica sua hipótese, e Pierre deixa seus projetos pessoais para se juntar à Marie em sua pesquisa. A partir desse momento é impossível distinguir a genialidade de cada um[13] e ambos fazem questão de assinar juntos todas as produções acadêmicas, deixando claro ser trabalho dos dois[15]. Cada um já havia demonstrado sua prodigiosidade em seus trabalhos solos. Agora, mais do que nunca, são dois cérebros em um pensamento.

Os Curie criaram um processo de separação da *pechblenda* que lhes permitiu, em julho de 1898, divulgar a descoberta do Polônio. Marie enviou ao Museu de Indústria e Agricultura, na Polônia Russa, uma cópia do artigo para publicação em uma "revista de fotografia" chamada *Swiatlo*. No mesmo ano, em dezembro, anunciaram a descoberta de um segundo elemento vindo da *pechblenda*, no qual escolheram nomear como Rádio.

Apenas anunciar a descoberta de dois novos elementos não era o suficiente para a comunidade científica. Os químicos necessitavam ver, tocar, examinar e, principalmente, saber seu peso atômico. E foi nisso que os Curie trabalharam durante quatro anos, de 1898 a 1902. Novamente, trabalharam em um local sórdido, sem instalação técnica para eliminar os gases tóxicos, sem aquecedor e com tantas goteiras que, quando chovia do lado de fora, igualmente chovia do lado de dentro. A boa notícia foi terem conseguido uma tonelada de rejeito da *pechblenda* de uma mina austríaca. Pierre tinha vontade de dar uma pausa na pesquisa e retornar quando tivessem mais condições, mas Marie recusou a proposta. Em 1902, Marie anunciou a extração de 0,1 g de Rádio puro e verificou o peso atômico do elemento como sendo 225.

Em 1903, cinco anos após ter iniciado sua pesquisa de doutorado, Marie defendeu sua tese e recebeu o título de Doutora em Ciências Físicas com menção très honorable. O processo de purificação, criado por Marie para isolar o Rádio, tornou-se uma técnica de fabricação do mesmo. Mesmo com os problemas financeiros que tinham, os Curie recusaram-se a patentear o processo, por serem contra o espírito científico e pelo uso do elemento na Curieterapia – uma nova terapia para tratar dor e câncer, que surgiu graças à Marie.

A Vida Profissional de Curie

A situação financeira deixa de ser uma preocupação aos Curie, pois o mundo reconhecia os seus serviços prestados à Ciência. No mesmo ano do doutoramento de Marie, em 1903, os Curie foram laureados com o Prêmio Nobel em Física pela descoberta da radioatividade, dividindo o prêmio com Henri Becquerel. No entanto, segundo Pugliese[16], Marie, só recebeu a premiação perante a recusa de Pierre em receber a honraria sem sua esposa, afinal, a pesquisa era originalmente de Marie e Pierre passou a ajudá-la.

Entre 1899 e 1904, os Curie publicaram 32 artigos sobre a radioatividade e substâncias radioativas, enquanto trabalhavam no laboratório e davam aulas. Ainda em 1904, Marie foi oficialmente reconhecida como membro da Faculdade de Ciência da Universidade de Paris com direito a salário. Até então, sua presença no laboratório era apenas tolerada. Marie trabalhou todos esses anos, em locais impróprios, por paixão à Ciência, e demorou cinco anos para que fosse reconhecida.

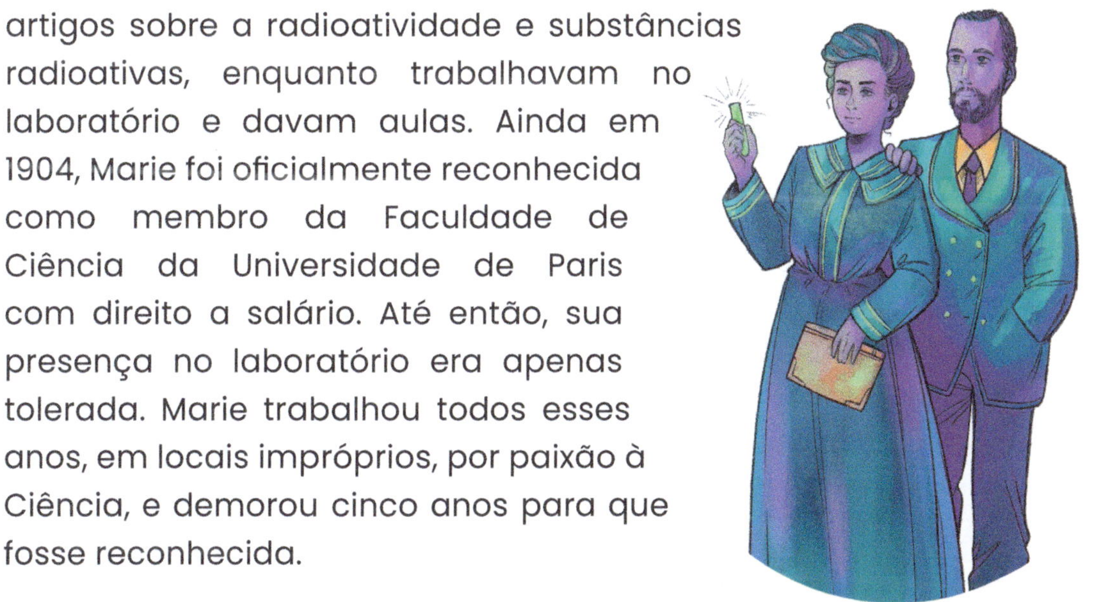

De 1904 a 1905, Pierre recebeu muitas propostas de emprego, mas nenhum local podia realizar o sonho dos Curie de terem um bom laboratório. Uma dama com recursos ficou revoltada contra toda a dificuldade dos Curie em terem o seu laboratório e ofereceu ajuda para a construção do Instituto de Rádio[13]. Infelizmente, Pierre não teve a chance de conhecer o laboratório que tanto desejou. Em 1906, sofre um acidente ao atravessar a rua e foi morto, atropelado por uma carroça. Esse incidente transformou a vida de Marie e de suas filhas para sempre.

A *Sorbonne* necessitava manter Marie em seu instituto, pois era a única pessoa que poderia substituir Pierre, a única pessoa que estava à altura do professor para dar continuidade às suas aulas. Mas, a instituição sabia que seria "impossível subordinar aquela mulher de gênio às ordens dum chefe" [13, p.217]. Nesse momento histórico, as tradições rompem-se com a nomeação, por unanimidade, da primeira professora mulher, não apenas na *Sorbonne Université,* mas na França. Não somente os alunos estavam ansiosos para a primeira aula, como toda Paris. Estavam ansiosos com as primeiras palavras da primeira professora mulher e esperavam que Marie começasse agradecendo ao Ministro e ao Pierre, pois a etiqueta estabelece assim, mas ninguém compreendia que o trabalho de um era o trabalho do outro, de ambos. Marie continuou o curso exatamente onde Pierre havia parado.

Marie iniciou a educação de Irène e Eva desde cedo. Quando pequenas, faziam longas caminhadas, acompanhadas por Marie, faziam trabalhos manuais como jardinagem, cozinha e costura. Na idade escolar de Irène, Marie queria que sua filha estudasse pouco, mas com uma qualidade acima do nível comum. Conversou com colegas e, por sugestão sua, nasce a Cooperativa. Grandes nomes da época – tanto da Física, da Química, da Matemática quanto da Literatura, da História, das Línguas e do Desenho – juntaram-se para aplicar novos métodos de ensino aos filhos de todos os professores envolvidos. A Cooperativa durou dois anos e cultivou o ensino de futuros sábios.

Em 1910, Marie escreveu o Tratado da Radioatividade, com quase mil páginas, arquivando em um só lugar todo o conhecimento adquirido ao longo dos anos sobre a recém descoberta Física da Radioatividade. Ademais, com o desenvolvimento mundial da Curieterapia, era necessária uma forma de "pesar" os elementos radioativos e Marie aperfeiçoou uma nova técnica, criada por ela, de "pesar" as substâncias a partir da sua radiação emitida. Simultaneamente, trabalhou na publicação da Classificação dos Radioelementos e da Tábua das Constantes Radioativas.

Aqui, cabe fazer uma consideração: a biografia MADAME CURIE, escrita por Eva Curie[13], apresenta uma divergência de informação a respeito da purificação do metal Rádio. É escrito que, em 1902, Marie purificou um decigrama de Rádio puro, página 161, mas neste ínterim da vida de Marie, é dito que até então a cientista só havia conseguido isolar Sais de Rádio, Cloreto ou Brometo, por serem a única forma estável do elemento, página 235. Além disso, Marie volta a medir o peso atômico da substância, provavelmente devido a novos aparelhos e técnicas de medição.

Em 1911, Marie recebeu o Prêmio Nobel em Química, pela descoberta dos elementos Polônio e Rádio, pelo isolamento do Rádio e pelo estudo da natureza e dos componentes desse notável elemento. Um membro da Academia chegou a solicitar à Marie que recusasse o prêmio, pela mesma, na época, estar envolvida com um escândalo pessoal. Marie logo respondeu que a premiação era devido à descoberta do Rádio e do Polônio e não devido a acontecimentos da sua vida particular[14]. Os acontecimentos em relação ao Prêmio Nobel de 1903 e de 1911 ratificam o pré-conceito da Academia em laurear mulheres.

Atualmente, Marie é a única mulher a ser citada junto de outros nomes masculinos ao pesquisar sobre Física, sem definição de gênero. A primeira mulher laureada com um Prêmio Nobel e a primeira pessoa a receber dois Prêmios Nobel, em duas áreas diferentes, necessitou receber dois Prêmios Nobel para "merecer" ser lembrada como outros cientistas homens.

Em 1912, Marie teve sérios problemas de saúde, precisando passar por cirurgia e acabou ficando com sua saúde debilitada, comprometendo sua produção científica. No mesmo ano, Marie foi convidada a dirigir um laboratório de radioatividade em sua cidade natal, Varsóvia. O país havia conquistado uma certa liberdade após a Revolução de 1905. Pela primeira vez, Marie discursou seu trabalho em polaco e, também, participou de um evento no Museu de Indústria e Agricultura, onde havia feito seus primeiros experimentos. Não pode aceitar o cargo, mas se dispôs a orientar, a distância, o novo laboratório, além de enviar dois dos seus melhores assistentes.

Marie escolheu ficar em Paris, pois, finalmente, o sonho dos Curie fora realizado: a construção do Instituto do Rádio que foi inaugurado em julho de 1914. Infelizmente, nesse mesmo ano, a Primeira Guerra Mundial iniciou-se.

Com a guerra, novamente surgiu em Marie o desejo de ser útil, de servir. Sua terra natal ficou devastada e, como não podia servir a mesma, queria ser útil à França, sua pátria de adoção. Ao perceber que os hospitais do *front* não tinham instalações de raio X, rapidamente procurou por uma solução. Nessa época, já se sabia dos benefícios dos exames de raio X e, após fazer o inventário de todos os aparelhos existentes em laboratórios das universidades, incluindo o seu, redistribuiu aos hospitais que necessitavam.

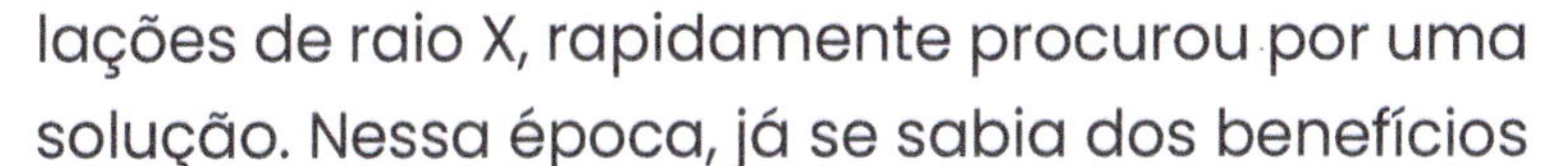

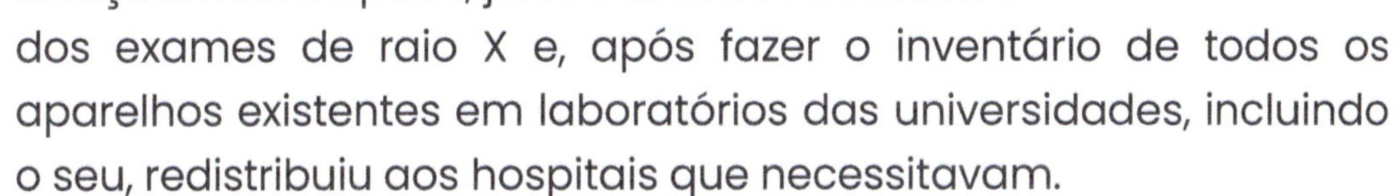

Segundo Curie[13], em agosto de 1914, com apoio e recurso da União das Mulheres Francesas e de doações particulares, Marie criou a primeira "viatura radiológica". Um carro comum, com um tubo de raio X ligado ao motor do carro. Marie mesmo equipou, 20 carros, um por um, sozinha, em seu laboratório e ficou com um carro para si. Viajava para onde fosse necessário com o motorista e, quando não tinha motoristas disponíveis, ela dirigia. Em cada local que parava, já analisava a possibilidade de instalar equipamentos fixos nos hospitais. Foi assim que instalou mais de 200 equipamentos fixos de raios X. Graças à genialidade de Marie, o número de feridos examinados nesses 220 postos excedeu a um milhão[13]. Carinhosamente, os soldados apelidaram as viaturas de *"Petites Curies"* (Pequenos Curies, em tradução livre).

Marie precisava fazer mais. Então, buscou em Bordéus, cidade da França, o grama de Rádio que havia levado anteriormente para deixar protegido em um banco. Criou um serviço de "Emanação de Rádio". De oito em oito dias, o Rádio decai para Radônio (antigamente chamado de Emanação de Rádio), um elemento gasoso com as mesmas propriedades terapêuticas do Rádio. Marie armazenava o gás em tubos e enviava aos hospitais para ajudar na cicatrização de ferimentos e lesões de pele.

Ainda havia uma preocupação para Marie: a falta de manipuladores especializados para manusear os equipamentos de raio X. Com a ajuda da cientista Mademoiselle Klein e de Irène, que já era enfermeira e técnica do Petite Curie, assim como sua mãe, de 1916 a 1918, o grupo ensinou lições teóricas sobre eletricidade e raios X, exercícios práticos e anatomia[13]. O programa recrutou, inicialmente, 150 mulheres, que chegaram com diferentes níveis culturais, e as formou enfermeiras-radiologistas. Marie tinha o dom de ensinar Ciência tornando-a de fácil compreensão.

A guerra esgotou Marie, e sua saúde já debilitada, piorou. O dinheiro que guardou para o futuro das filhas, foi inteiramente doado para a guerra, com autorização das mesmas. Até mesmo as Medalhas de Ouro que recebeu, foram doadas para o banco da França, mas um funcionário se recusou a aceitá-las, deixando Marie indignada. Marie doou-se à guerra e à França e dela nada recebeu. Segundo Curie[13], se fosse oferecido à Marie uma condecoração militar, a mesma teria aceitado.

Em 1920, a jornalista americana William Brown Meloney, grande fã de Marie, entra em contato com a mesma, pois queria apresentar Marie à América. Ao perguntar à cientista o que ela mais desejava, a mesma respondeu que gostaria de ter um grama de Rádio para continuar suas pesquisas. Assim, a continuação da pesquisa de Marie se deu graças à intervenção de Meloney, que angariou fundos a partir de doações das mulheres americanas para comprar o tão desejado Rádio, avaliado em cem mil dólares, à época. O que tem de mais representativo do que um coletivo de mulheres que se juntaram para ajudar uma outra mulher?

Marie Curie foi e ainda é um exemplo de força e de perseverança, já que desde cedo aprendeu a lutar por si mesma, tornando-se um exemplo de pessoa ao enfrentar os obstáculos encontrados e impostos em sua vida, como o preconceito, tanto por ser mulher quanto por ser polonesa, além das doenças e da pobreza[17]. Além disso, foi e ainda é um exemplo de cientista de primeiro nível, pois com suas pesquisas abriu o caminho para o desenvolvimento da Física, da Radioatividade, como conhecemos hoje. Sua produção científica foi e ainda é tão relevante que Marie Curie recebeu diversas premiações pelo mundo. Sua genialidade mostrou-se, por diversas vezes, durante sua carreira, sempre em prol da humanidade.

M. Skłodowska Curie

CONTEÚDO PARA APROFUNDAMENTO

Material complementar para aprofundamento, com o objetivo de conhecer mais sobre a história de vida e as contribuições de Marie Curie.

Publicações primárias de Marie Curie[4] [18]

- 1898
  - Propriétés magnétiques des aciers trempés (M. Curie)
  - Rayons émis par les composés de l'uranium et du thorium (M. Curie)
  - Sur une substance nouvelle radioactive, contenue dans la pechblende (P. Curie e M. Curie)
  - Sur une nouvelle substance fortement radio-active contenue dans la pechblende (P. Curie, M. Curie e G. Bémont)
- 1899
  - Les rayons de Becquerel et le polonium (M. Curie)
  - Sur le poids atomique du métal dans le chlorure de baryum radifère (M. Curie)
  - Effects chimiques produits par les rayons de Becquerel (P. Curie e M. Curie)
  - Sur la radioactivité provoquée par les rayons de Becquerel (P. Curie e M. Curie)
- 1900
  - Les nouvelles substances radioactives (M. Curie)
  - Sur la pénétration des rayons de Becquerel non deviables

4. A listagem de "Publicações Primárias de Marie Curie" foi feita por Karoline dos Santos Tarnowski.

par le champ magnetique (M. Curie)
    - Sur la charge électrique des rayons déviables du radium (P. Curie e M. Curie)
    - Les nouvelles substances radioactives et les rayons qu'elles émetten (P. Curie e M. Curie)

- 1902
    - Sur le poids atomique du Radium (M. Curie)
    - Sur les corps radioactifs (P. Curie e M. Curie)
- 1903
    - Recherches sur les substances radioactives (M. Curie)
- 1904
    - Badanie ciał radioaktywnych (M. Curie)
- 1907
    - Sur le poids atomique du Radium (M. Curie)
- 1910
    - Sur le polonium (M. Curie e A. Debierne)
    - Sur le radium métallique (M. Curie e A. Debierne)
    - Traité de Radioactivité (M. Curie)

- 1911
    - Radium and the New Concepts in Chemistry (M. Curie)
- 1912
    - Les mesures en radioactivité et l'étalon du radium (M. Curie)
- 1920
    - Sur la distribution des intervalles d'émission des particules α du polonium (M. Curie)

- 1921
    - La Radiologie et la Guerre (M. Curie)
- 1923
    - Pierre Curie (M. Curie)
- 1926
    - Stan obecny chemji polonu (M. Curie)
- 1930
    - Sur l'actinium (M. Curie)

Publicações da época referente à temática[5] [18]

- 1896
    - Sur les radiations émises par phosphorescence (H. Becquerel)
    - Sur les radiations invisibles émises par les corps phosphorescents (H. Becquerel)
    - Sur quelques proprietés nouvelles des radiations invisibles émises par divers corps phosphorescents (H. Becquerel)
    - Sur les radiations invisibles émises par les sels d'uranium (H. Becquerel)
    - Sur les propriétés différentes des radiations invisibles émises par les sels d'uranium, et du rayonnement de la paroi anticathodique d'um tube de Crookes (H. Becquerel)
    - Émission de radiations nouvelles par l'uraniummétallique (H. Becquerel)

5. A seleção de "Publicações da época referente à temática" foi feita por Karoline dos Santos Tarnowski.

- 1898
  - Über die von den Thorverbindungen und einigen anderen Substanzen ausgehende Strahlung (G. Schmidt)
  - Sur le spectre d'une substance radio-active (E. Demarçay)
- 1899
  - Note sur quelques propriétés du rayonnement de l'uranium et des corps radio-actifs (H. Becquerel)
  - Sur une nouvelle matière radio-active (A. Debierne)
- 1901
  - Action physiologique des rayons du radium (P. Curie e H. Becquerel)
  - Sur la radio-activité induite provoquée par les sels de radium (P. Curie e A. Debierne)
- 1902
  - The radioactivity of thorium compounds (E. Rutherford e F. Soddy)
  - The cause and nature of radioactivity (E. Rutherford e F. Soddy)
- 1903
  - A comparative study of the radioactivity of radium and thorium (E. Rutherford e F. Soddy)
  - Sur la chaleur dégagée spontanément par les sels de radium (P. Curie e A. Laborde)
- 1904
  - Action physiologique de l'emanation du radium (C. Bouchard, P. Curie e V. Balthazard)
- 1905
  - Radio-activity (E. Rutherford)
  - Radioactive substances, especially Radium (P. Curie)

Biografias de Marie Curie[6] [18]

- A noite dos vagalumes feéricos: A vida de Marie Curie (M. Lobato)
- Aulas de Marie Curie (I. Chavannes)
- Curie e a Radioatividade em 90 minutos (P. Strathern)
- Gênio obsessivo: O mundo interior de Marie Curie (B. Goldsmith)
- História Maravilhosa de Madame Curie (G. Marques)
- Madame Curie (E. Bigland)
- Madame Curie (E. Curie)
- Madame Curie (F. Garozzo)
- Madame Curie: Um filme inspirado na vida de Marie Curie (C. Carlos)
- Marie & Pierre Curie (J. Senior)
- Marie Curie (B. Birch)
- Marie Curie (F. Giroud)
- Marie Curie (R. Reid)
- Marie Curie e a Radioatividade (S. Parker)
- Marie Curie: Coragem, determinação, persistência (B. Santo)
- Marie Curie: Uma vida (S. Quinn)
- Marie Skłodowska Curie: Imagens de outra face (R. Maia)
- Marie Skłodowska-Curie et la Radioactivité (J. Hurwic)
- Monsieur et Madame Cure (Y. Igot)
- Sobre o "Caso Marie Curie": A Radioatividade e a Subversão do Gênero (G. Pugliese)

---

6. A seleção de biografias foi feita por Karoline dos Santos Tarnowski e, segundo a mesma, foi realizada com base em livros disponíveis para compra em território brasileiro, sejam eles novos ou usados. Por conta de possíveis reimpressões ou relançamentos, a seleção de biografias foi reorganizada em ordem alfabética nesta pesquisa.

- The Radium Woman (E. Doorly)
- The Story of Madame Curie (A. Thorne)

Filmes, documentários e vídeos[7] [18]

- 1943
  - Madame Curie (M. LeRoy)
- 2011
  - Marie Curie, além do mito (M. Vuillermet)
  - Seguindo os passos de Marie Curie (K. Rogulski)
- 2013
  - O gênio de Marie Curie: A Mulher que Iluminou o Mundo (G. Bradshaw)
- 2014
  - Marie Curie: Uma mulher na frente de batalha (A. Brunard)
- 2016
  - Marie Curie (M. Noëlle)
- 2019
  - Radioativo (M. Satrapi)
- Vídeos
  - Como Marie Curie desenvolveu as viaturas radiológicas manipuladas por mulheres para uso militar (Britannica) http://bit.ly/3UMYMbM

---

7. A listagem de "Filmes, documentários e vídeos" foi feita por Karoline dos Santos Tarnowski e complementada nesta pesquisa.

- Você sabe quem foi Marie Curie? (AIEA)
  http://bit.ly/3Xclv2g
- Por que anotações de Marie Curie ficarão em caixas de chumbo por 1,5 mil anos (BBC News)
  http://bit.ly/3EEA1J2
- O gênio de Marie Curie (Shohini Ghose - TED-Ed)
  http://bit.ly/3Obg7IN
- Marie Curie - Biografia Resumida (Astronomia e Ciência)
  http://bit.ly/3EBV1jl

Instituições, museus, monumentos e exposições virtuais[8] [18]

Busto Maria Skłodowska Curie

Parque Henryka Jordana, Cracóvia, Polônia.

Busto Maria Skłodowska Curie

Em Meyrin, em Genebra, na fronteira Franco-Suíça.

- Discovering Radioactivity
  - Exposição virtual por Atomic Heritage Foundation em parceria com The National Museum of Nuclear Science & History. https://bit.ly/3XdNAGO
- Instituto Curie
  - Também contém unidade Hospitalar e Centro de Pesquisa. http://bit.ly/3Ancfi3

---

8. A seleção de "Instituições, museus, monumentos e exposições virtuais" foi feita por Karoline dos Santos Tarnowski e complementada nesta pesquisa.

- **Instituto Nacional de Oncologia Maria Skłodowskiej-Curie - Instituto Nacional de Pesquisa**
  - Fundado como Instituto do Rádio de Varsóvia e, após a Segunda Guerra Mundial, mudou de nome. Atualmente é a maior unidade de oncologia da Polônia, composta por três departamentos em Varsóvia, Gliwice e Cracóvia. http://bit.ly/3XbhD1K
- **Marie Curie 1867-1934**
  - Exposição virtual por PSL Université Paris. http://bit.ly/3Gpjry6
- **Marie Curie and the Science of Radioactivity**
  - Exposição virtual por The Center for History of Physics, a division of The American Institute of Physics. http://bit.ly/3gadSsA
- **Maria Skłodowska Curie no 100° aniversário do recebimento do Prêmio Nobel**
  - Exposição virtual por Biblioteka Główna AGH. http://bit.ly/3Ee4exl
- **Women who changed science - Marie Curie**
  - Exposição virtual por The Nobel Prize. http://bit.ly/3GnA2lT

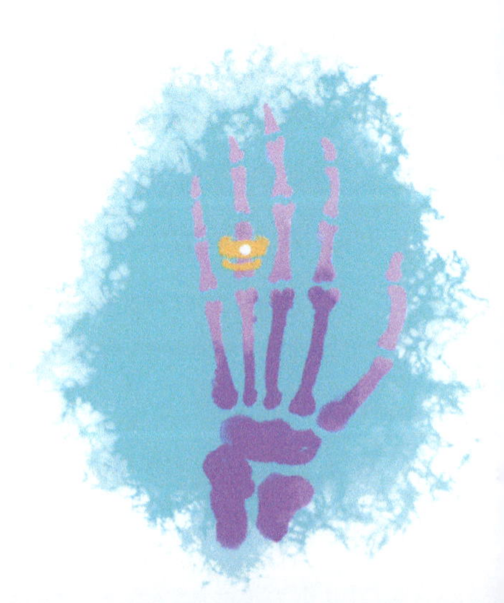

3

Monumento Marie Curie

Em frente ao Instituto do Rádio de Varsóvia.

4

Monumento Marie Skłodowska Curie

Praça Marii Curie-Skłodowskiej em Lublin, Polônia, perto da Maria Curie--Skłodowska University (UMCS).

5

Monumento Marie Skłodowska Curie

Rua Kościelna, Varsóvia, Polônia.

6

Instituto Nacional de Oncologia Maria Skłodowskiej-Curie - Instituto Nacional de Pesquisa

Polônia.

7

Museu Curie

Rua Pierre et Marie Curie, Paris, França.

8

Museu Marie Skłodowska Curie

Rua Freta, Varsóvia, Polônia.

- Museu Curie
    - Exposição virtual.
      https://bit.ly/3V7PlDv
- Museu Curie
    - Rua Pierre et Marie Curie, Paris, França.
      http://bit.ly/3V2wolt
- Museu Marie Skłodowska Curie
    - Rua Freta, Varsóvia, Polônia.
      http://bit.ly/3geh9ag
- Túmulos de Marie e Pierre Curie no Panthéon
    - Rua du Panthéon, Paris, França.
      http://bit.ly/3GmiWES

Prêmios, medalhas, e títulos honoríficos concedidos a Marie Curie[9] [13]

- Prêmios
  - 1898: Prêmio Gegner, Academia de Ciências de Paris
  - 1900: Prêmio Gegner, Academia de Ciências de Paris
  - 1902: Prêmio Gegner, Academia de Ciências de Paris
  - 1903: Prêmio Nobel de Física (em comum com H. Becquerel e Pierre Curie)
  - 1904: Prêmio Osíris (concedido pelo Sindicato da Imprensa Parisiense, partilhado com M. E. Branly)
  - 1907: Prêmio Actonian, Royal Institution of Great Britain
  - 1911: Prêmio Nobel de Química
  - 1921: Prêmio de Pesquisa Ellen Richards
  - 1924: Grande Prêmio do Marquês d'Argenteuil para 1923, com medalha de bronze, Sociedade de Fomento da Indústria Nacional
  - 1931: Prêmio Cameron, concedido pela Universidade de Edimburgo
- Medalhas
  - 1903: Medalha Berthelot (em comum com Pierre Curie)
  - 1903: Medalha de honra da cidade de Paris (em comum com Pierre Curie)
  - 1903: Medalha Davy, Sociedade Real de Londres (em comum com Pierre Curie)

9. A listagem de "Prêmios, medalhas, e títulos honoríficos concedidos a Marie Curie" foi feita por Eva Curie na biografia "Madame Curie".

  - 1904: Medalha Matteucci, Sociedade Italiana de Ciências (em comum com Pierre Curie)
  - 1908: Grande Medalha de ouro Kuhlmann, Sociedade Industrial de Lille
  - 1909: Medalha de ouro Elliott Cresson, Instituto Franklin
  - 1910: Medalha Alberto, Royal Society of Arts, London
  - 1919: Grã-cruz da Ordem Civil de Afonso XII de Espanha
  - 1921: Medalha Benjamin Franklin, American Philosophical Society, Filadélfia
  - 1921: Medalha John Scott, American Philosophical Society, Filadélfia
  - 1921: Medalha de ouro do Instituto Nacional de Ciências Sociais, Nova York
  - 1921: Medalha William Gibbs, American Chemical Society, Chicago
  - 1922: Medalha de ouro da The Radiological Society of North America
  - 1924: Medalha de Bom Mérito de primeira classe do Governo rumeno, Brevet e Medalha de Ouro
  - 1929: Medalha de New York City Federation of Women's Club
  - 1931: Medalha do American College of Radiology
- Títulos honoríficos
  - 1904: Membro honorário da Sociedade Imperial dos Amigos das Ciências Naturais, Antropologia e Etnografia de Moscou
  - 1904: Membro de honra da Royal Institution of Great Britain
  - 1904: Membro estrangeiro da Sociedade Química de Londres
  - 1904: Membro correspondente da Sociedade Batava de Filosofia
  - 1904: Membro honorário da Sociedade de Física do México
  - 1904: Membro honorário da Sociedade de Fomento da Indústria e

Comércio de Varsóvia

- 1906: Membro correspondente da Sociedade Científica da Argentina
- 1907: Membro estrangeiro da Sociedade Holandesa de Ciências
- 1907: Doutora em direito, honoris causa, da Universidade de Edinburgo
- 1908: Membro correspondente da Academia Imperial de Ciências de São Petersburgo
- 1908: Membro de honra de Verein für Naturwissenschaft in Braunschweig
- 1909: Doutora em Medicina, honoris causa, da Universidade de Genebra
- 1909: Membro correspondente da Academia de Ciências de Bolonha
- 1909: Membro associada estrangeiro da Academia Tcheca de Ciências, Letras e Artes
- 1909: Membro de honra do Colégio de Farmácia de Filadélfia
- 1909: Membro ativo, Academia de Ciências de Cracóvia
- 1910: Membro correspondente da Sociedade Científica do Chile
- 1910: Membro da American Philosophical Society
- 1910: Membro estrangeiro da Academia Real Sueca de Ciências
- 1910: Membro da American Chemical Society
- 1910: Membro de honra da Sociedade de Física de Londres
- 1911: Membro honorário da Society for Psychical Research de Londres
- 1911: Membro correspondente estrangeiro da Academia de Ciências de Portugal
- 1911: Doutora em ciências, honoris causa, da Universidade de Manchester
- 1912: Membro de honra da Sociedade Química da Bélgica

- 1912: Membro elaborador do Instituto Imperial de Medicina Experimental de São Petersburgo
- 1912: Membro efetivo da Sociedade Científica de Varsóvia
- 1912: Membro honorário da Universidade de Lemberg
- 1912: Doutora, honoris causa, da Escola Politécnica de Lemberg
- 1912: Membro de honra da Sociedade dos Amigos de Ciências de Vilna
- 1913: Membro extraordinário da Academia Real de Ciências de Amsterdam (seção Matemática e Física)
- 1913: Doutora, honoris causa, da Universidade de Birmingham
- 1913: Membro de honra da Associação de Ciências e de Artes de Edimburgo
- 1914: Membro honorário da Sociedade Físico-Medical da Universidade de Moscou
- 1914: Membro honorário da Cambridge Philosophical Society
- 1914: Membro honorário do Instituto Científico de Moscou
- 1914: Membro honorário do Instituto de Higiene de Londres
- 1914: Membro correspondente da Academia de Ciências Naturais de Filadélfia
- 1918: Membro de honra da Sociedade Real Espanhola de Eletrologia e Radiologia Médicas
- 1919: Presidente de honra da Sociedade Real Espanhola de Eletrologia e Radiologia Médicas
- 1919: Diretora honorária do Instituto de Rádio de Madrid
- 1919: Professora honorária da Universidade de Varsóvia
- 1919: Membro da Sociedade Polonesa de Química
- 1920: Membro da Academia Real de Ciências e Letras da Dinamarca
- 1921: Doutora em ciências, honoris causa, da Universidade de Yale
- 1921: Doutora em ciências, honoris causa, da Universidade

de Chicago

- 1921: Doutora em ciências, honoris causa, da Northwestern University
- 1921: Doutora em ciências, honoris causa, de Smith College
- 1921: Doutora em ciências, honoris causa, de Wellesley College
- 1921: Doutora, honoris causa, de Women's of Pennsylvania
- 1921: Doutora em ciências, honoris causa, de Columbia University
- 1921: Doutora em direito, honoris causa, da Universidade de Pittsburg
- 1921: Doutora em direito, honoris causa, da Universidade de Pennsylvania
- 1921: Membro honorário da Sociedade de Ciências Naturais de Buffalo
- 1921: Membro honorário do Clube de Mineralogia de Nova York
- 1921: Membro honorário da Sociedade Radiológica da América do Norte
- 1921: Membro honorário da New England Association of Chemistry Teachers
- 1921: Membro honorário do American Museum of Natural History
- 1921: Membro honorário da New Jersey Chemical Society
- 1921: Membro da sociedade de Química Industrial
- 1921: Membro da Academia de Cristiania
- 1921: Membro de honra da Knox Academy of Arts and Sciences
- 1921: Membro honorário da American Radium Society
- 1921: Membro honorário da Nordisk Forrening for Medecinski Radiology
- 1921: Membro de honra da Aliança Francesa de New York
- 1922: Membro associado livre, Academia de Medicina de Paris
- 1922: Membro honorário do Grupo Acadêmico Russo da Bélgica
- 1923: Membro de honra da Sociedade Rumena de Hidrologia

Médica e Climatologia

- 1923: Doutora em direito, honoris causa, da Universidade de Edinburgo
- 1923: Membro honorário da União de Matemáticos e Físicos Tchecolosvacos de Praga
- 1924: Cidadã honorária da cidade de Varsóvia
- 1924: Nome inscrito (com o de Pasteur) no Town Hall de Nova York
- 1924: Membro de honra da Sociedade Polonesa de Química de Varsóvia
- 1924: Doutora em Medicina, honoris causa, da Universidade de Cracóvia
- 1924: Doutora em Filosofia, honoris causa, da Universidade de Cracóvia
- 1924: Cidadã honorária da Cidade de Riga
- 1924: Membro honorário da Sociedade de Pesquisas Psíquicas de Atenas
- 1925: Membro de honra da Sociedade Médica de Lubin (Polônia)
- 1926: Membro simples da "Pontifícia Tiberina" de Roma
- 1926: Membro de honra da Sociedade de Química de São Paulo (Brasil)
- 1926: Membro correspondente da Academia Brasileira de Ciências
- 1926: Membro de honra da Federação Brasileira pelo Progresso do Feminismo
- 1926: Membro honorário da Sociedade de Farmácia e Química de São Paulo (Brasil)
- 1926: Membro de honra da Associação Brasileira de Farmacêuticos
- 1926: Doutora, honoris causa, da Seção de Química da Escola Politécnica de Varsóvia
- 1927: Membro honorário da Academia de Ciências de Moscou
- 1927: Membro estrangeiro da Sociedade de Letras e de Ciências

da Boêmia

- 1927: Membro honorário da Academia de Ciências da URSS
- 1927: Membro de honra da Interstate Postgraduate Medical Association of North America
- 1927: Membro honorário do New Zealand Institute
- 1929: Membro de honra da Sociedade dos Amigos de Ciências de Posnam (Polônia)
- 1929: Doutora em direito, honoris causa, da Universidade de Glasgow
- 1929: Cidadã honorária da Cidade de Glasgow
- 1929: Doutora em ciências, honoris causa, da Universidade de Saint Lawrence
- 1929: Membro honorário da New York Academy of Medicine
- 1929: Membro, honoris causa, da Polish Medical and Dental Association of America
- 1930: Membro de honra da Sociedade Francesa de Inventores e Sábios
- 1930: Presidente de honra da Sociedade Francesa de Inventores e Sábios
- 1931: Membro de honra da Liga Mundial pela Paz, Genebra
- 1931: Membro de honra do American College of Radiology
- 1931: Membro correspondente estrangeiro, Academia de Ciências Exatas, Físicas e Naturais, Madri
- 1932: Membro da Kaiserlich Deutschen Akademie der Naturforscher zu Halle
- 1932: Membro de honra da Sociedade de Medicina de Varsóvia
- 1932: Membro de honra da Sociedade Química Tcheco-Eslováquia
- 1933: Membro honorário do British Institute of Radiology and Roentgen Society, Londres

NOÇÕES DE RADIO-ATIVIDADE

Esta seção tem como objetivo conhecer conceitos científicos relacionados, direta e indiretamente, às contribuições de Marie Curie e suas aplicações na Educação Básica.

IDENTIFICANDO CONCEITOS

"Um cientista no seu laboratório não é apenas um técnico: é, também, uma criança colocada à frente de fenômenos naturais que impressionam como se fossem um conto de fadas."
(Marie Curie)

O que constitui a matéria? Desde a Grécia Antiga, filósofos e cientistas possuíam essa dúvida. Hoje sabemos que a mesma é constituída por átomos e também conhecemos a estrutura interna dos átomos. Tudo o que existe na natureza é formado por átomos e por combinações de átomos.

Átomos possuem um minúsculo núcleo central, com carga elétrica positiva, cercado por uma **nuvem de elétrons** com carga elétrica negativa, chamada de **eletrosfera.** O núcleo é formado por **prótons** e **nêutrons** ligados fortemente uns aos outros e, enquanto os prótons são carregados positivamente, os nêutrons não possuem carga elétrica. Dessa forma, o átomo é considerado um sistema eletricamente neutro, pois o total de cargas positivas é igual ao total de cargas negativas. Prótons e nêutrons possuem aproximadamente a mesma massa relativa, enquanto o elétron possui massa relativa desprezível.

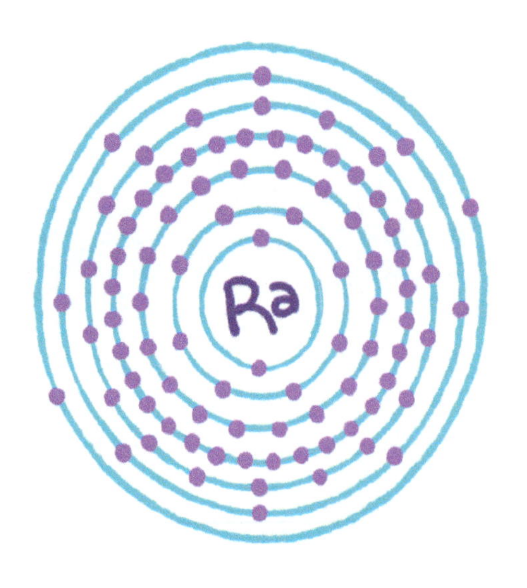

Número atômico	88
Símbolo	Ra
Nome	*Radium*
Massa atômica	[226]

A idealização do átomo desde o início da História da Teoria Atômica até os dias atuais está brevemente descrita a seguir. É importante lembrar que este material não tem o intuito de esclarecer e trazer à tona toda a construção do conhecimento científico acerca do átomo. Por tal razão, muitos cientistas e suas propostas de modelos atômicos que influenciaram tal construção não serão apresentados aqui. Além disso, a Educação Básica contempla apenas os modelos atômicos previstos a partir da Física Clássica e, visto que este material é parte de um Produto Educacional voltado para formação de professores/as da Educação Básica, o modelo atômico utilizado na grande maioria das ilustrações não é o modelo atômico aceito atualmente. Assim, escolheu-se utilizar o modelo atômico de Bohr nas ilustrações por ser o mais didático.

Os modelos atômicos de Dalton (1803), de Thomson (1904) e de Rutherford (1911) foram propostos tendo como base a Física Clássica. Após, os modelos de Bohr (1913) e de Sommerfeld (1916) foram propostos em um período de transição entre a Física Clássica e a Física Quântica, já que a Física Clássica não era mais suficiente para dar conta e explicar alguns dados experimentais da época. Hoje, o modelo atômico aceito tem como base a Física Quântica.

No modelo atômico de Dalton (1803), o átomo era considerado o "último componente" da matéria, e por isso sua nomenclatura. Seu modelo atômico considerava que o átomo era uma "bolinha" maciça, indivisível, indestrutível e homogênea.

Em 1897, os elétrons foram descobertos e Thomson sabia que, em geral, a carga elétrica resultante do átomo era neutra. Assim, o modelo atômico de Thomson (1904) considerava que o átomo era formado por uma esfera positiva uniforme com pequenas partículas negativas.

No modelo atômico de Rutherford (1911) foi proposta a existência de uma região central, com carga elétrica positiva concentrada, rodeada por cargas elétricas negativas de igual valor à região central.

Bohr compreendia a necessidade de romper as descrições clássicas para explicar o átomo. Assim, no modelo atômico de Bohr (1913) foi proposto que o elétron orbitava o núcleo de forma circular e, ao emitir ou ao absorver energia, o elétron transitava de uma órbita para outra. A energia emitida ou absorvida possuía um valor quantificado.

No modelo atômico de Sommerfeld (1916), foi proposto que as órbitas dos elétrons eram circulares e elípticas ao redor do núcleo, cada uma com a sua energia, não ocorrendo em um mesmo plano. Além disso, Sommerfeld também percebeu que o elétron possui uma alta velocidade, próxima da velocidade da luz.

No modelo quântico (1926) atual, o átomo possui um núcleo, composto por prótons e nêutrons, cercado por uma nuvem de elétrons se movendo a alta velocidade. Segundo esse modelo, é impossível determinar com precisão e de forma simultânea a posição e a velocidade de um elétron. Assim, a ideia das órbitas ou das camadas eletrônicas foi abandonada e substituida pela probabilidade de se encontrar um elétron em determinado instante em uma região do espaço.

Os elementos químicos são tipos específicos de átomos que apresentam o mesmo número de prótons, chamado de número atômico (Z). O número atômico é o que identifica o elemento químico e determina o comportamento e as características do mesmo. Os elementos químicos que possuem o mesmo número de prótons, mas possuem diferente número de nêutrons, são chamados de isótopos. Os isótopos de um mesmo elemento químico podem ter massas diferentes pela variação do número de nêutrons.

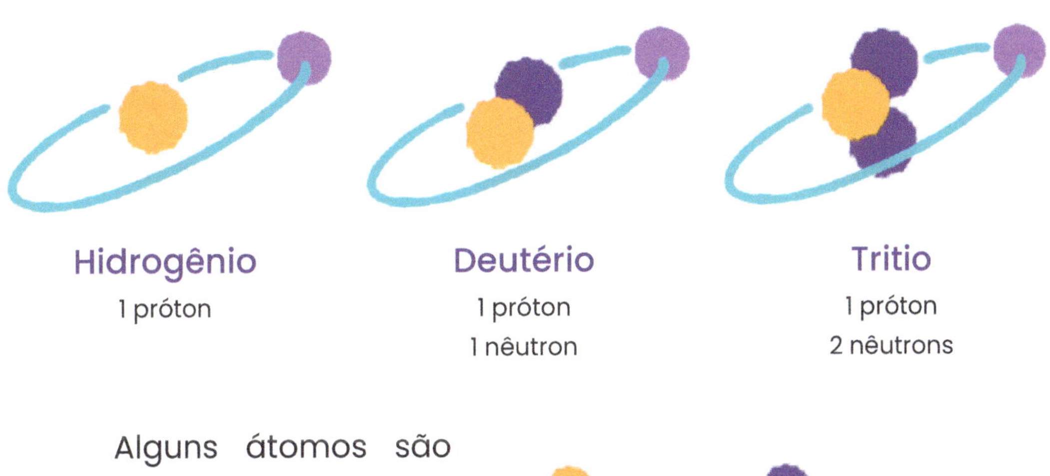

Alguns átomos são naturalmente estáveis, enquanto outros átomos são instáveis. Essa característica pode ser devido a sua distribuição eletrônica ou devido ao núcleo atômico. É chamado de nuclídeo qualquer tipo de núcleo atômico.

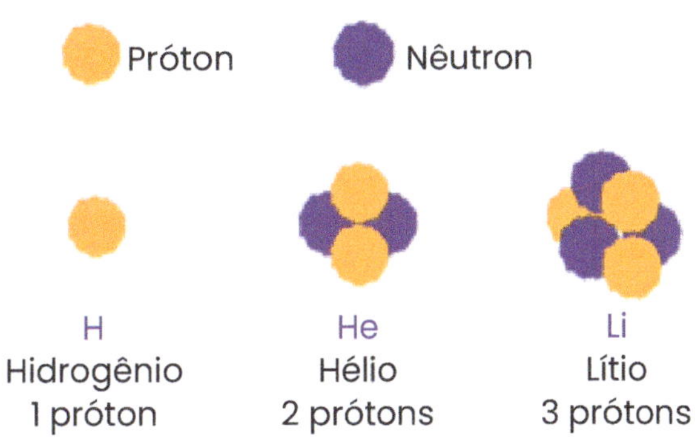

Quando o nuclídeo é estável, o mesmo mantém sua identidade de elemento químico. Já o átomo com um nuclídeo instável, conhecido como radionuclídeo, possui excesso de prótons e/ou excesso de nêutrons e tem a tendência de procurar a estabilidade. Para tal, o nuclídeo instável sofre transformações espontaneamente, convertendo-se em um outro nuclídeo no processo. Essa transformação é chamada de decaimento radioativo e é um processo exponencial e probabilístico. A constante de decaimento radioativo é a probabilidade de decaimento radioativo por unidade de tempo, que é característica de cada radionuclídeo.

Também é possível encontrar em muitas bibliografias o termo "desintegração radioativa" como sinônimo do decaimento radioativo. Apesar disso, essa nomenclatura não está correta, pois dá a entender que o átomo se desintegra, se decompõe, quebrando-se em pedaços para a ocorrência do fenômeno.

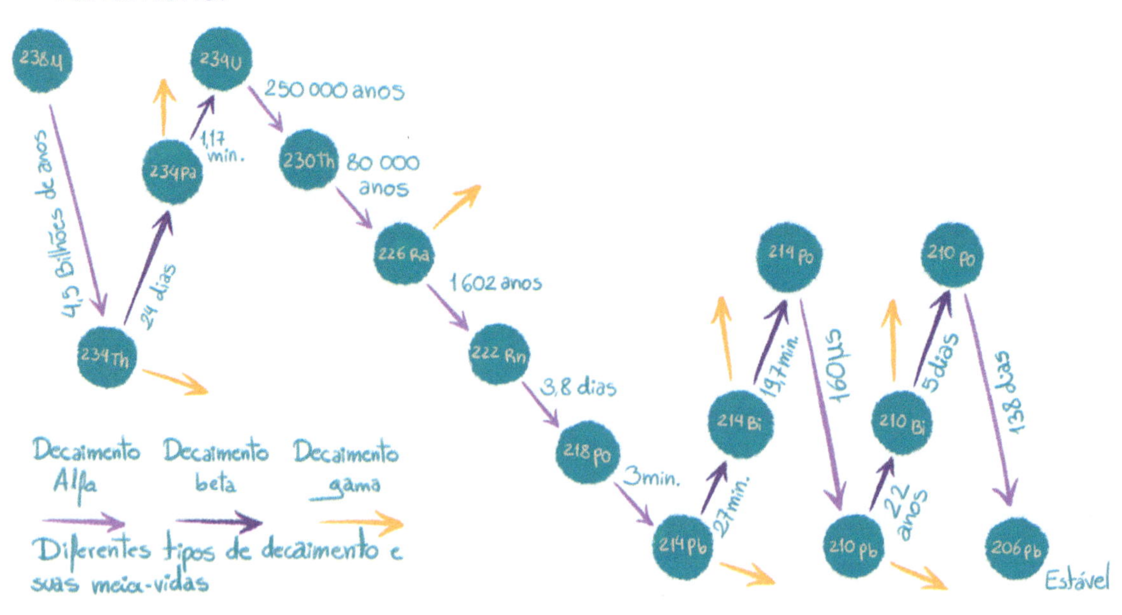

No decaimento radioativo, o nuclídeo pai decai e dá origem ao nuclídeo filho e, quando o nuclídeo filho também é radioativo, forma-se uma cadeia de decaimento radioativo. Os elementos químicos que possuem nuclídeo instável são chamados de elementos radioativos.

A atividade de uma amostra radioativa é o número de decaimento radioativo que ocorre por unidade de tempo, podendo ser medida em Curies (Ci) ou Becqueréis (Bq). Assim, a atividade diminui exponencialmente no tempo. A atividade está relacionada com o número de núcleos do elemento radioativo contido na amostra, ou seja, o número de decaimento radioativo por unidade de tempo é proporcional ao número de núcleos da amostra. Apesar disso, os decaimentos são imprevisíveis e aleatórios, ou seja, são probabilísticos e não ocorrem todos exatamente ao mesmo tempo. Assim, não é possível saber quando será emitida radiação. Portanto, a atividade é a taxa de decaimento radioativo por unidade de tempo e é verdadeira apenas quando a amostra contém uma grande quantidade de átomos.

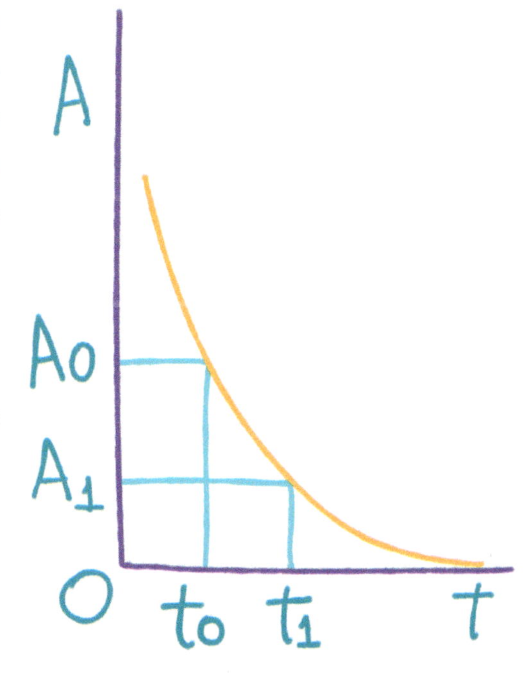

No qual:

A = atividade no tempo t

A_0 = *atividade no tempo* t_0

t = tempo transcorrido

A meia-vida é o tempo necessário para que metade dos radionuclídeos existentes em uma amostra decaiam, ou seja, é o tempo necessário para que a atividade de um elemento radioativo contido em uma amostra seja reduzido à metade da atividade inicial da amostra. A atividade associada a um tipo de nuclídeo de uma amostra decai na mesma proporção e com a mesma meia-vida do número desses nuclídeos presentes na amostra. Esse tempo é característico de cada elemento químico e varia de um elemento para outro: enquanto a meia-vida do Urânio-92 é de aproximadamente 4,5 bilhões de anos, a meia-vida do Césio-137 é de 33 anos. Ou seja, quando a Terra foi formada, a atividade do Urânio-92 era o dobro da atividade atual, e hoje, após o Acidente de Goiânia em 1987, a atividade do Césio-137 decaiu à metade. A meia-vida diminui exponencialmente no tempo até atingir um valor insignificante, tornando impossível diferenciar da radiação do meio ambiente.

No qual:

A = atividade no tempo t

t = tempo de meia-vida

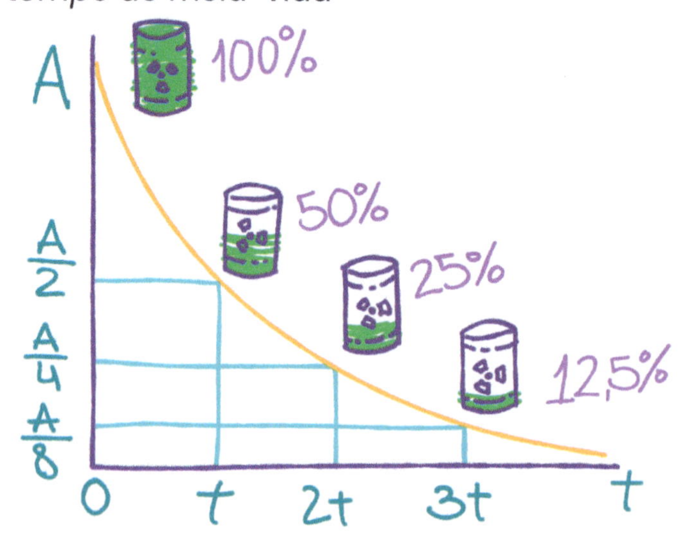

A radioatividade é considerada uma propriedade intrínseca do nuclídeo do elemento radioativo. É a consequência do processo de decaimento radio-ativo, no qual ocorre a emissão espontânea de energia e pode se apresentar de duas formas:

1. Liberação de energia na forma de partículas: A radiação alfa (α);

2. Liberação de energia na forma de onda eletromagnética: A radiação gama (γ).

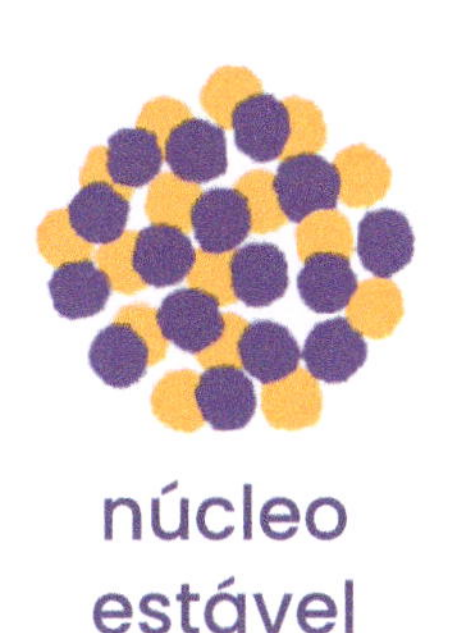

núcleo estável

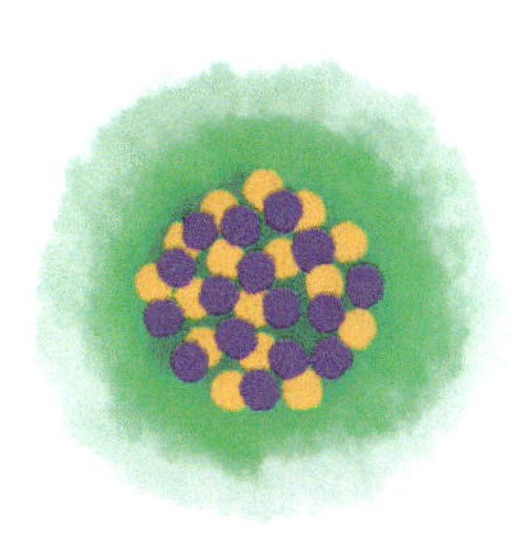

núcleo com excesso de energia (radioativo)

Excesso de energia

radiação alfa (α)
radiação beta (β)

radiação gama (γ)

A radiação alfa ou partícula alfa, conhecida pela letra grega α (alfa), é um processo de estabilização de um nuclídeo instável que possui um excesso de prótons e de nêutrons em seu interior. Assim, ocorre a emissão de um grupo de partículas formado por dois prótons e dois nêutrons, correspondendo ao núcleo de um átomo de Hélio. Ao mesmo tempo, pode ocorrer a liberação de energia na forma de radiação gama. No geral, nuclídeos alfa-emissores possuem elevado número atômico. Exemplo: decaimento radioativo do Rádio para Radônio.

$$^{226}_{88}Ra \rightarrow {}^{4}_{2}\alpha + {}^{222}_{86}Rn + \gamma$$

Rádio → α (alfa) + Radônio + γ (gama).

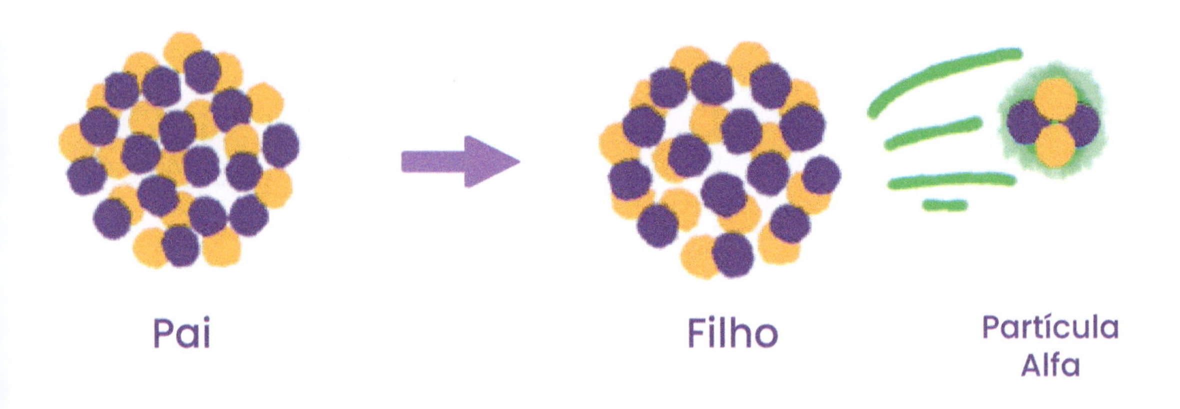

A radiação beta ou partícula beta, conhecida pela letra grega β (beta), é outra forma de estabilização de um nuclídeo instável que possui um excesso de prótons ou um excesso de nêutrons. O decaimento beta pode ocorrer de duas formas:

1. Decaimento beta negativo (β-): Quando o núcleo possui um excesso de nêutrons, o mecanismo de compensação pela falta de prótons transforma um nêutron em um próton e um elétron, e o elétron é emitido como radiação corpuscular;

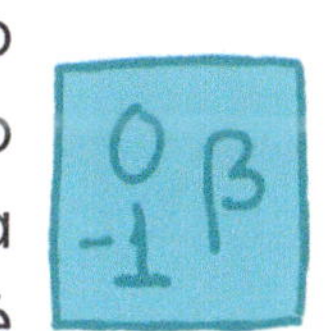

2. Decaimento beta positivo (β-): Quando o núcleo possui um excesso de prótons, o mecanismo de compensação pela falta de nêutrons transforma um próton em um nêutron e um pósitron, e o pósitron é emitido como radiação corpuscular. O pósitron tem as mesmas características do elétron, mas possui carga positiva;

$^{0}_{+1}\beta$

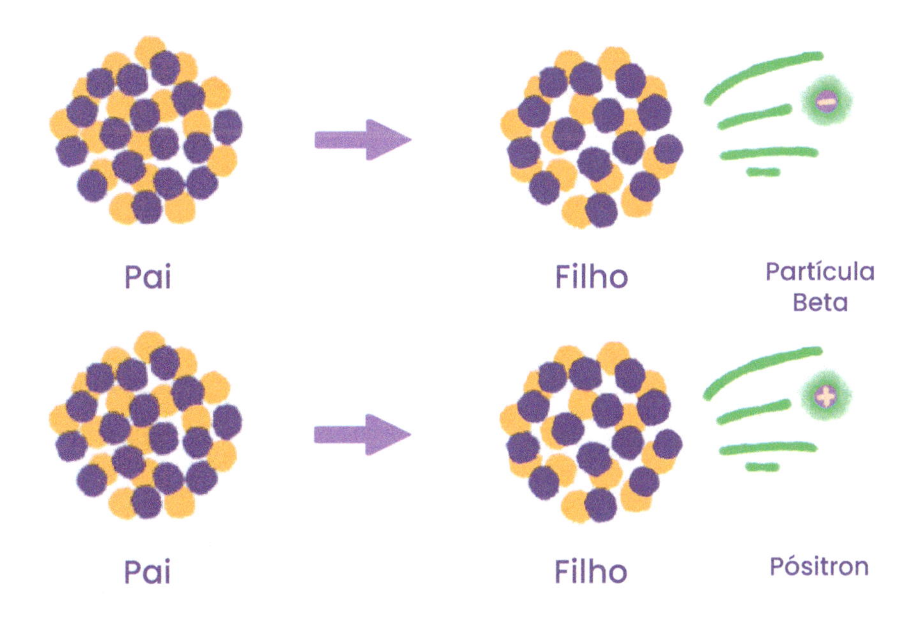

A partícula beta possui as mesmas características dos elétrons, podendo ter carga elétrica positiva ou carga elétrica negativa, mas sua origem é no núcleo atômico. Ao mesmo tempo, pode ocorrer a liberação de energia na forma de radiação gama. No geral, nuclídeos beta-emissores possuem massa pequena ou intermediária, além do excesso de prótons ou de nêutrons em comparação à estrutura estável correspondente.

A radiação gama, conhecida pela letra grega γ (gama), é a emissão de uma onda eletromagnética, com frequência e energia muito elevada, causada pela reorganização interna de um nuclídeo que ainda possui excesso de energia. A radiação gama pode ser entendida como um pacote de energia que tem a mesma natureza da luz visível. Além disso, os raios gama não tem efeito em seu nuclídeo e, dos vários tipos de ondas eletromagnéticas, apenas os raios gamas são emitidos por núcleos atômicos.

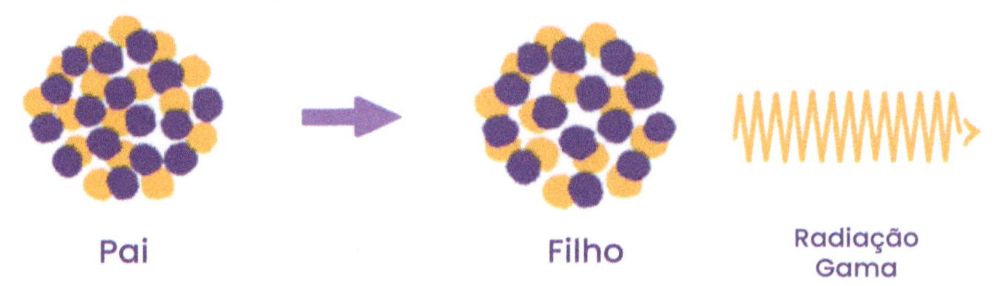

O raio X também é a emissão de uma onda eletromagnética de alta frequência e energia, mas é proveniente de um equipamento, ou seja, o raio X é produzido de forma artificial, diferente da radiação gama, que ocorre de forma natural. Outra diferença entre ambos é que o raio X é gerado na eletrosfera do átomo, enquanto a radiação gama ocorre no núcleo atômico. Além disso, a radiação gama possui uma frequência e uma energia superior à frequência e a energia do raio X, que também pode ser entendido como um pacote de energia com a mesma natureza da luz visível.

A produção de raio X foi identificada pela primeira vez em um tubo de vidro a vácuo chamado tubo de Crookes. Em uma extremidade do tubo está o polo negativo, chamado de cátodo, e na outra extremidade está o polo positivo, chamado de ânodo. Ambos os polos estão ligados a uma fonte de tensão elétrica e, quando a tensão elétrica é suficientemente alta, o filamento presente no cátodo aquece, ejetando os elétrons dos átomos do filamento. Os elétrons ejetados formam um feixe luminoso chamado de raios catódicos. Os mesmos são acelerados e atraídos ao ânodo, por ser positivo, e colidem com o alvo metálico do ânodo. Os elétrons acelerados transferem toda sua energia aos átomos do alvo durante a colisão, transformando 99% da energia de colisão em calor e 1% em raio X.

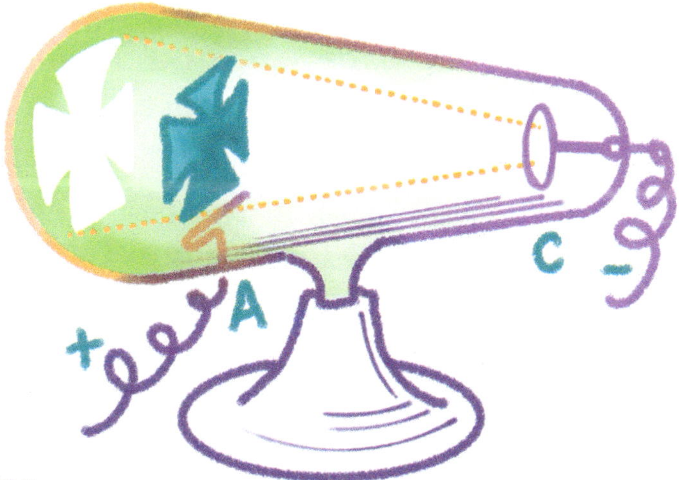

Assim, de forma geral, o feixe de raio X é produzido pela interação dos elétrons altamente energéticos que foram ejetados pelo cátodo com os átomos do alvo. O raio X é classificado em duas categorias: o raio X de frenamento, também conhecido como raio X de *Bremsstrahlung*, e o raio X característico.

O raio X de frenamento, ou de *Bremsstrahlung* (em alemão), é o resultado do processo de desaceleração dos elétrons altamente energéticos que foram ejetados pelo cátodo ao interagirem com os núcleos atômicos dos átomos do alvo. Tais núcleos atômicos devem possuir alta carga positiva, ou seja, devem possuir um alto número atômico (Z). A nomenclatura do fenômeno é devido à desaceleração que ocorre, pois os elétrons incidentes são freados a uma curta distância. Ao serem desacelerados, perdem energia durante a interação e alteram a sua direção de propagação. A energia perdida é liberada na forma de raio x de frenamento. Quanto mais próximo do núcleo do átomo do alvo for a interação e quanto maior for o ângulo de desvio da trajetória, maior será a probabilidade de produzir um feixe de raio X de alta energia. E quando o elétron incidente interagir diretamente como o núcleo do átomo do alvo, toda sua energia será transformada em raio X de frenagem de alta energia. Apesar disso, a maioria dos elétrons sofrem interações mais distantes do núcleo pelo tamanho do mesmo. Assim, as energias do raio X emitidas podem variar entre um valor máximo e um valor mínimo.

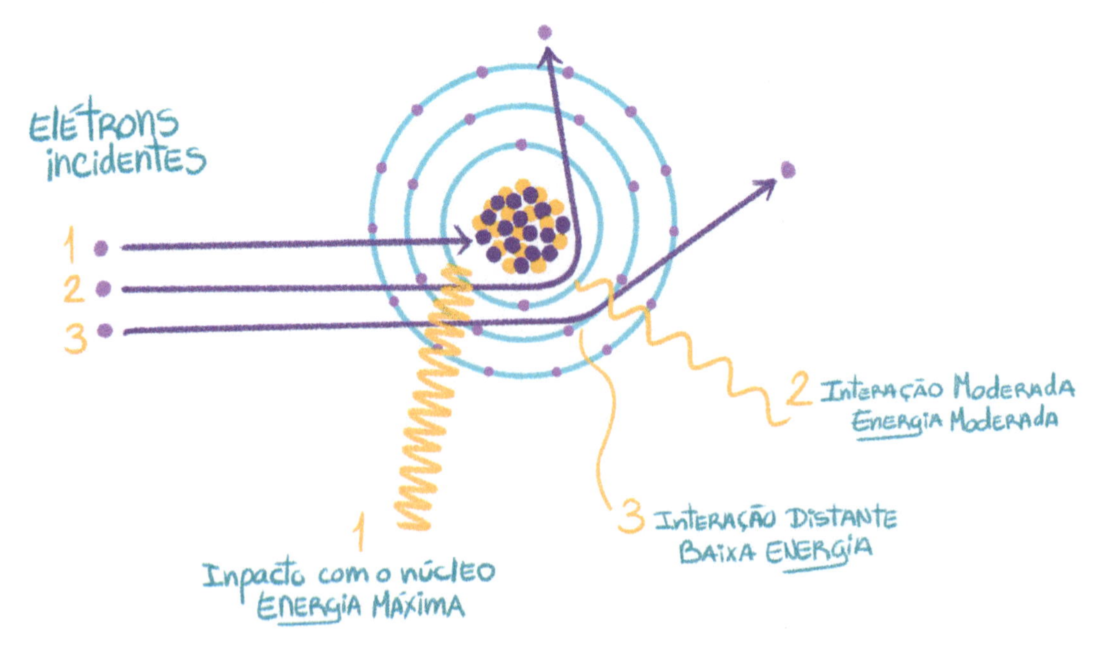

Já o raio X característico é quando os elétrons altamente energéticos que foram ejetados pelo cátodo interagem diretamente com os elétrons dos átomos do alvo. Assim, o elétron incidente atinge um elétron que pode ser ejetado do átomo do alvo. Para que o elétron do alvo seja ejetado, o elétron incidente deve possuir energia superior à energia de ligação do elétron com a sua camada eletrônica. Dessa forma, quando o elétron é ejetado, o átomo fica instável e a lacuna deixada pelo mesmo será preenchida por um elétron de outra camada eletrônica, que também deixará uma lacuna que novamente será preenchida por outro elétron de outra camada eletrônica. Tal fenômeno é conhecido como efeito cascata. Ao preencher a lacuna deixada em uma camada mais interna, o elétron libera o excesso de energia na forma de raio X característico de forma precisa. Essa energia liberada é a diferença entre as energias de ligação do elétrons com as camadas envolvidas, da interna que foi ocupada e da externa que cedeu o elétron. A nomenclatura do fenômeno é devido ao tipo de elemento químico utilizado no alvo, pois a energia liberada é característica do mesmo.

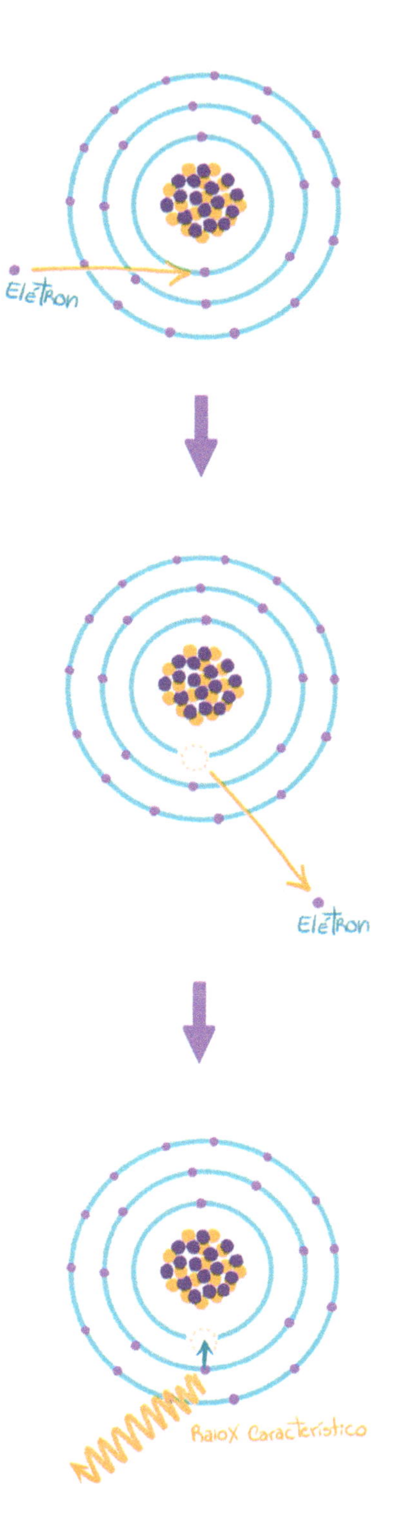

O espectro do raio X é formado pela combinação do raio X de frenamento e do raio X característico. O raio X de frenamento é a parte contínua, de energias mínimas até máximas, enquanto o raio X característico são linhas discretas. Na imagem, um espectro de raio X emitido por um tubo com alvo de tungstênio.

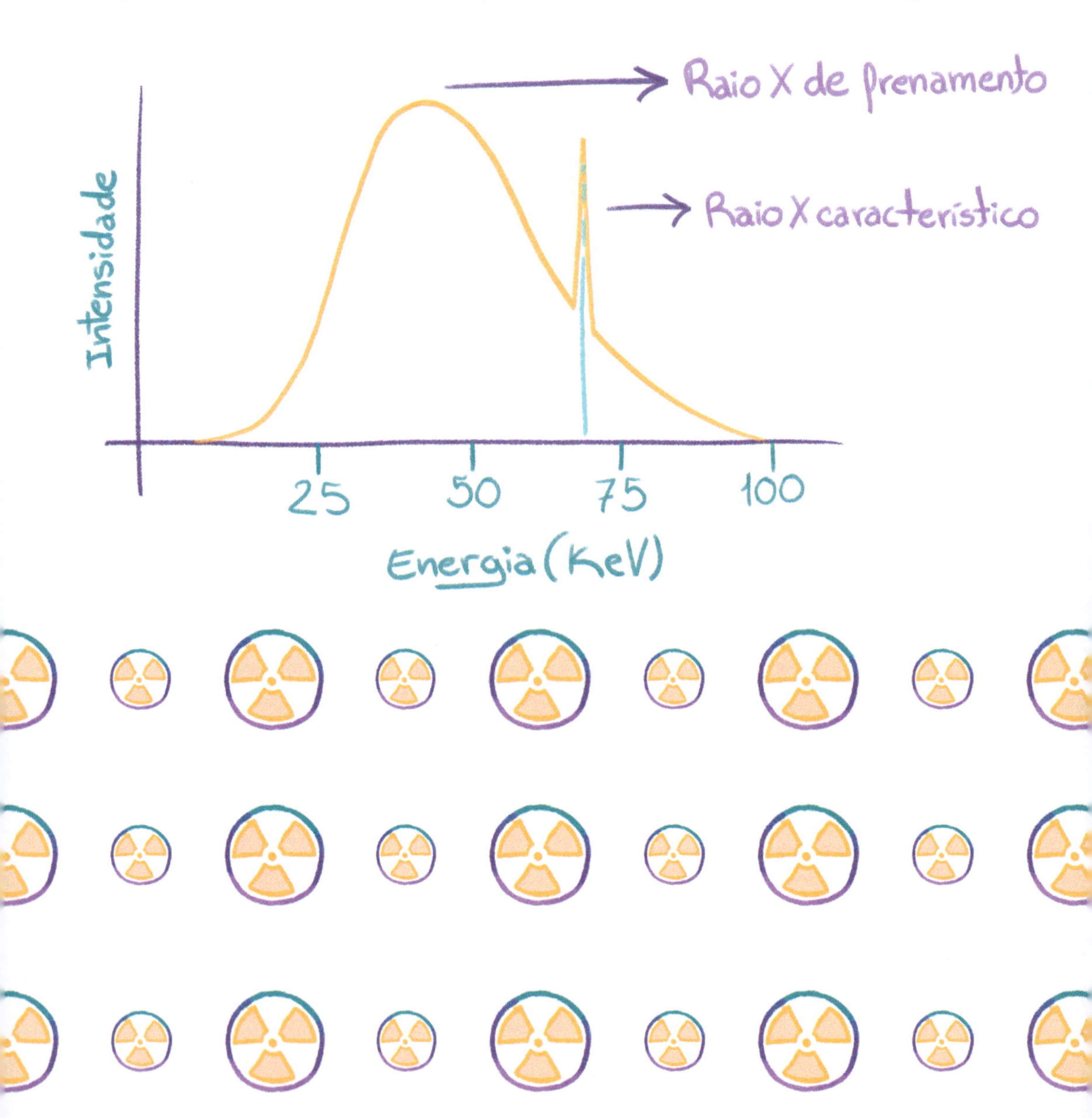

O raio X foi descoberto em 1895 pelo físico alemão Wilhelm Conrad Röntgen (1845-1923). Röntgen estudava os raios catódicos produzidos em um tubo de Crookes quando percebeu que os raios marcavam chapas fotográficas. Assim, Röntgen colocou objetos opacos, à luz visível, entre o tubo de Crookes e uma chapa fotográfica e percebeu que os objetos diminuíam mas não eliminavam a chegada dos raios até a chapa. Após inúmeros experimentos, Röntgen posicionou a mão de sua esposa entre o tubo e uma chapa. O resultado é considerado o primeiro exame de raio X, já que a imagem revelada mostrou a estrutura óssea interna da mão de Bertha Röntgen.

1

Wilhelm Conrad Röntgen (1845 – 1923)

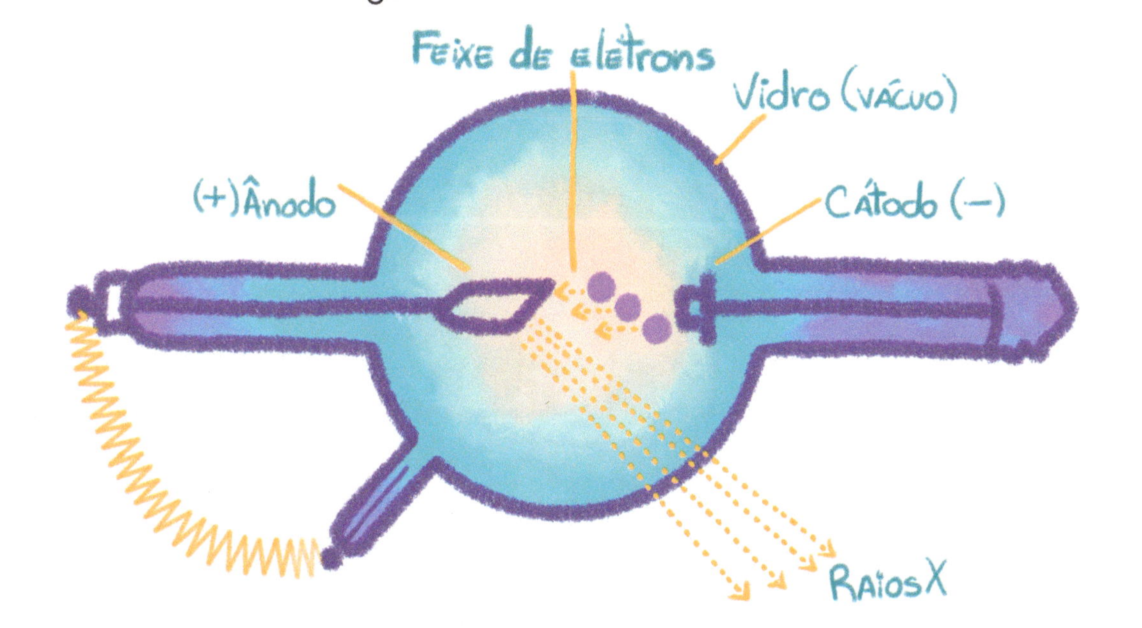

Como visto anteriormente, o raio X e o raio gama são ondas eletromagnéticas. As ondas eletromagnéticas são formadas por campos elétrico e magnético oscilantes e perpendiculares entre si, que se propagam no vácuo à velocidade da luz. Esse tipo de radiação é uma forma de propagação de energia através do espaço, no qual não necessita de um meio material para se propagar.

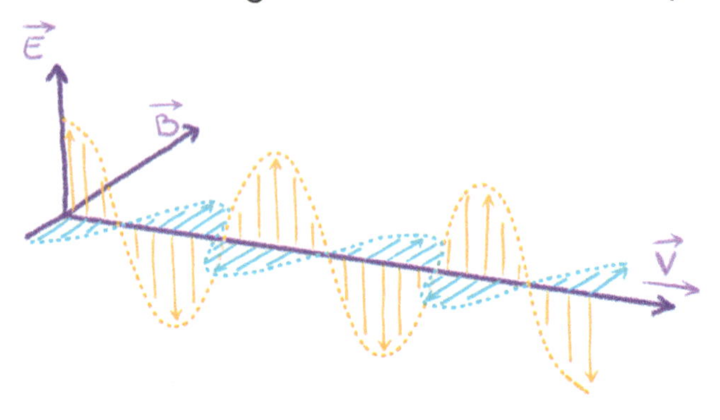

As principais propriedades das ondas eletromagnéticas são:

a) Comprimento de onda (λ): O seu símbolo é a letra grega lambda (λ) e é a distância entre dois pontos consecutivos máximos ou mínimos.

b) Período (T): É o intervalo de tempo necessário para a onda completar uma oscilação, que corresponde a um comprimento de onda.

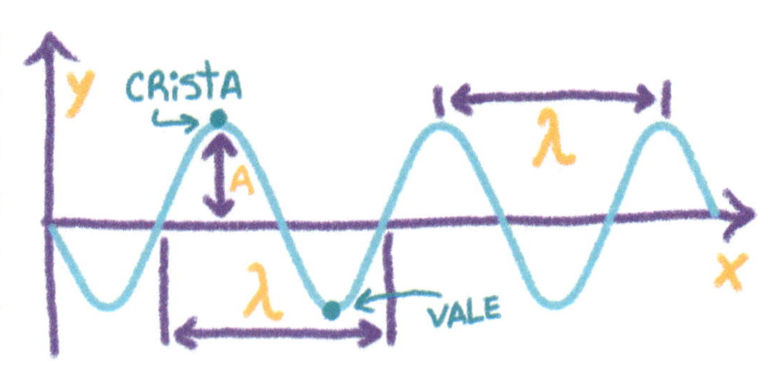

c) Frequência (f): É o inverso do período, representando o número de períodos existentes em unidade de tempo.

O espectro eletromagnético é uma representação em escala das ondas eletromagnéticas conhecidas: ondas de rádio, micro-ondas, infravermelho, luz visível, ultravioleta, raios X e raios gama. Todas as ondas do espectro eletromagnético são tipos de radiação, pois a radiação é uma forma de propagação de energia através do espaço. Então, as ondas eletromagnéticas carregam consigo energia e, por isso, todas podem ser entendidas como um pacote de energia. Apesar disso, algumas radiações são naturalmente mais energéticas que outras.

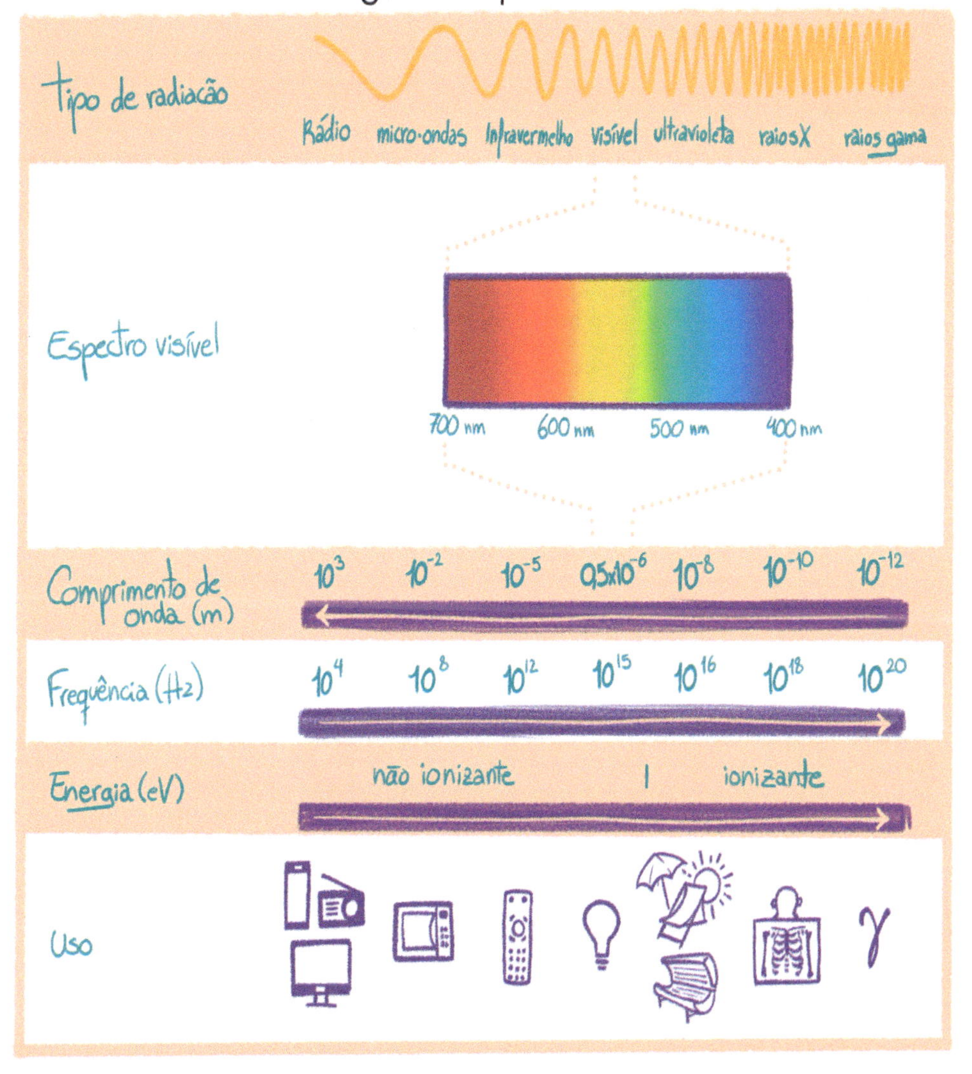

A radiação também pode ser classificada de acordo com a sua capacidade em ionizar átomos. No contexto das radiações, ionizar átomos é o processo no qual um átomo perde elétrons. Na interação da radiação com a matéria, a radiação ionizante é a radiação com energia o suficiente para ionizar átomos, ou seja, tem energia superior à energia de ligação dos elétrons de um átomo com o seu núcleo, arrancando elétrons de seus orbitais. Já a radiação não-ionizante não possui energia suficiente para arrancar elétrons dos átomos durante a interação da radiação com a matéria. No espectro eletromagnético, é possível identificar quais radiações são ionizantes.

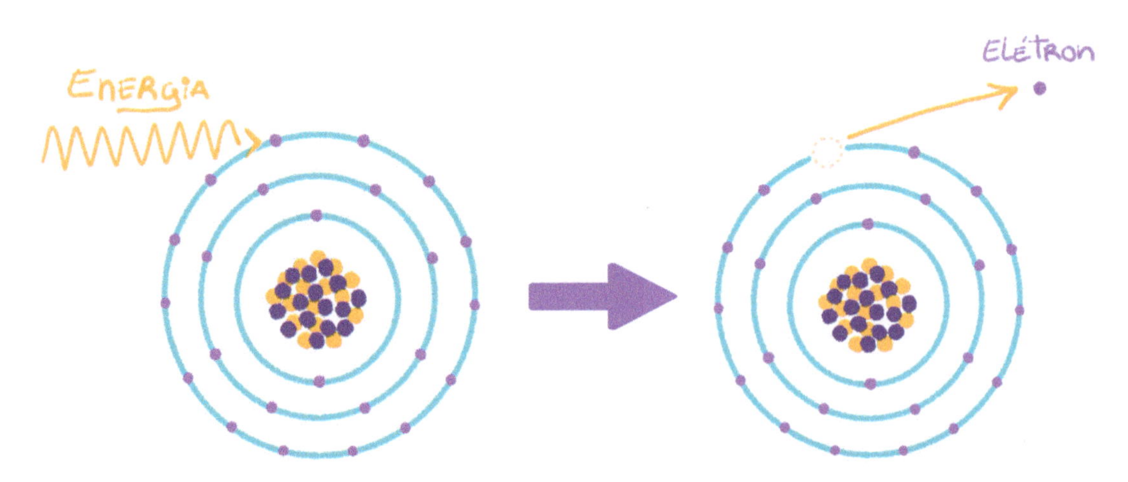

A interação da radiação com a matéria é um processo de transferência de energia da radiação para a matéria, no qual a radiação sofre essa perda de energia, e também sofre com a alteração da sua direção. Além disso, são processos aleatórios e, portanto, só é possível falar na probabilidade de ocorrer interações. Por conta das diferenças entre as cargas e as massas da radiação corpuscular e da radiação eletromagnética, cada tipo de radiação interage de um modo com a matéria.

A radiação alfa, carregada positivamente, arranca elétrons dos átomos através da força Coulombiana. Pela sua carga e massa, a partícula alfa interage em maior escala com os átomos ao seu redor, reduzindo sua energia rapidamente e, por isso, sua direção é pouco desviada da direção original. Assim, o seu poder de penetração na matéria é baixo, e pode ser blindada por uma folha de papel.

A radiação beta também arranca elétrons através da força Coulombiana. Pela sua carga e massa ser menor em comparação com a partícula alfa, a partícula beta interage com os átomos ao seu redor perdendo pouca energia se comparado com a interação da partícula alfa. Por isso, a sua direção original é altamente desviada, percorrendo um caminho tortuoso. Assim, a partícula beta é mais penetrante, podendo ser blindada por uma lâmina de alumínio com aproximadamente 6 mm de espessura.

O raio gama e o raio X podem interagir com os elétrons, com o núcleo ou com o átomo como um todo. Os processos de interação podem levar a uma transferência de energia parcial ou completa ao alvo da interação e isso resulta numa mudança abrupta do comportamento da radiação. Esse comportamento é diferente do observado nas radiações corpusculares, que desaceleram gradualmente através de interações contínuas e simultâneas. A radiação gama pode ultrapassar chapas de aço de até 15 cm de espessura, mas pode ser barrada por placas grossas de chumbo. Já o raio X, é menos energético que a radiação gama e, por isso, não consegue ultrapassar chapas grossas de aço.

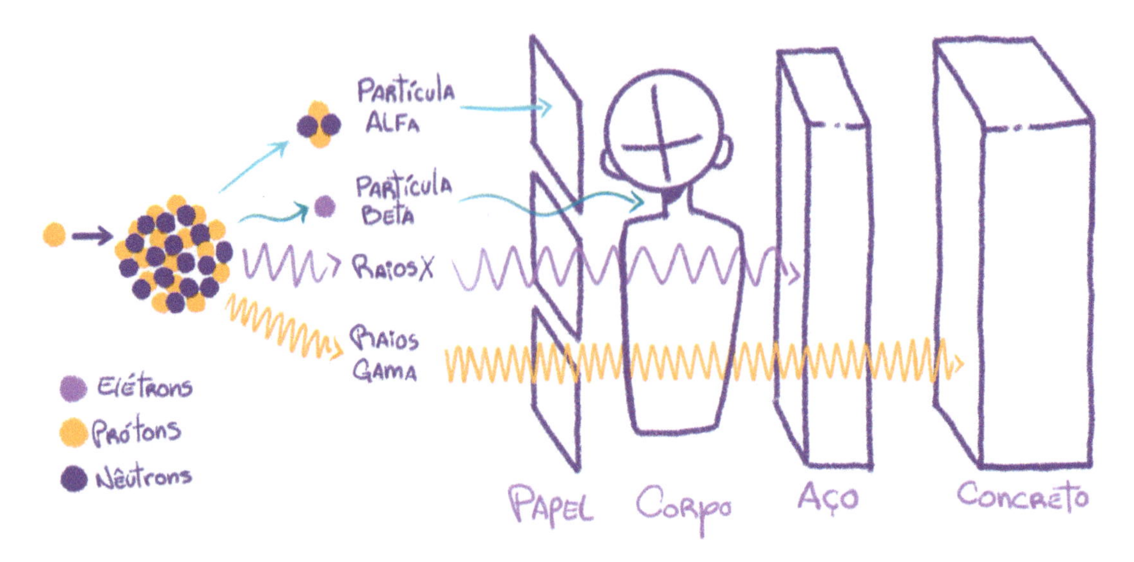

Para mais informações e dúvidas frequentes, acesse os links abaixo:

- Dúvidas Frequentes (Comissão Nacional de Energia Nuclear - CNEN)
  http://bit.ly/3KSATxk
- Dúvidas Frequentes (Eletronuclear)
  http://bit.ly/3KZPZAS

Para outras curiosidades, acesse os links abaixo:

- F.A.Q. CNEN
  http://bit.ly/3ibVose
- Is radiation dangerous? (Matt Anticole no TED-Ed)
  https://bit.ly/3i0bg0W
- Qual é o elemento mais radioativo? (Ciência Todo Dia)
  http://bit.ly/3XsPldD

Com objetivo de relacionar os conceitos teóricos vistos até aqui com aplicações diretas na sociedade e com grandes acontecimentos históricos, apresentam-se vídeos da plataforma *YouTube* de cinco tópicos diferentes para entender as aplicações da Radioatividade.

Efeitos Biológicos

- Como a RADIAÇÃO causa CÂNCER? (Ciência Todo Dia)
  http://bit.ly/3V6eoXW
- Como a radiação mata? (Ciência Todo Dia)
  http://bit.ly/3U4y5Ou

Acidente de Goiânia

- O acidente com césio-137 em Goiânia (Como é bom ser nerd - Pura Física)
  http://bit.ly/3tZffOg
- Césio 137 em Goiânia: a cronologia do maior desastre radiativo do Brasil (BBC News Brasil)
  http://bit.ly/3ECjrYW

Guerra na Ucrânia e Acidente de Chernobyl

- Chernobyl: A História Completa (Ciência Todo Dia)
  http://bit.ly/3OyjOs2
- Putin quer construir armas nucleares? (Como é bom ser nerd - Pura Física)
  http://bit.ly/3gCOhsr

Alimentos

- Using Nuclear Science in Food Irradiation (IAEAvideo)
  http://bit.ly/3VmYkAP
- Radioatividade na Agricultura e Alimentos - Alunas do Curso Técnico de Química - Fundação Liberato (Carol Gonçalves)
  http://bit.ly/3AHqZbM
- Desenvolvido por uma pesquisadora brasileira, o AQUALUX é um projeto de esterilização de água por meio da radiação solar
  http://bit.ly/3V3xMF5
- Desenvolvido por um grupo de pesquisadores brasileiros, o AQUASOLIS é um projeto de esterilização de água por meio da radiação solar
  http://bit.ly/3GHzPdq

Raio X

- A Revolução do Raio X (Ciência Todo Dia)
  http://bit.ly/3XnF73E
- O que tem DENTRO da máquina de RAIO-X (Manual do Mundo)
  http://bit.ly/3AE5o3R

O MITO DA RADIAÇÃO E DA RADIOATIVIDADE

"A melhor vida não é a mais longa,
mas a mais rica em boas ações."
(Marie Curie)

Qual a diferença entre a "radiação que cura" e a "radiação que causa câncer e mata"?

Para a população em geral, as radiações e a radioatividade estão envoltas em uma espécie de misticismo, no qual esses fenômenos são automaticamente temidos pelas pessoas. Esse medo existe devido a diversos fatores que estão ligados à falta de conhecimento sobre o que são e como "funcionam" a radiação e a radioatividade. Tal desconhecimento acarreta a falta de compreensão sobre o funcionamento dos equipamentos que utilizam tais fenômenos, sejam aparelhos do dia a dia, como o micro-ondas, de um eventual exame e/ou tratamento que a pessoa possa vir a necessitar, ou de usinas nucleares que abastecem cidades com energia elétrica. Outro fator potencializador desse medo são, por exemplo, acidentes radioativos que aconteceram na História e notícias sensacionalistas relacionadas às radiações e a radioatividade.

É por tal necessidade que a Base Nacional Comum Curricular[1] apresenta as seguintes habilidades a serem desenvolvidas na Educação Básica:

- Para o Ensino Fundamental – Ciências do 9º ano:
    - Unidade Temática: Matéria e energia;
    - Objetos de Conhecimento: Radiações e suas aplicações na saúde;

- Habilidades:
  - § **(EF09CI06)** Classificar as radiações eletromagnéticas por suas frequências, fontes e aplicações, discutindo e avaliando as implicações de seu uso em controle remoto, telefone celular, raio X, forno de micro-ondas, fotocélulas etc.;
  - § **(EF09CI07)** Discutir o papel do avanço tecnológico na aplicação das radiações na medicina diagnóstica (raio X, ultrassom, ressonância nuclear magnética) e no tratamento de doenças (radioterapia, cirurgia ótica a laser, infravermelho, ultravioleta etc.).

- Para o Ensino Médio:
  - Competência Específica 1:
    - § Analisar fenômenos naturais e processos tecnológicos, com base nas interações e relações entre matéria e energia, para propor ações individuais e coletivas que aperfeiço em processos produtivos, minimizem impactos socioambientais e melhorem as condições de vida em âmbito local, regional e global;
  - Habilidades:
    - § **(EM13CNT103)** Utilizar o conhecimento sobre as radiações e suas origens para avaliar as potencialidades e os riscos de sua aplicação em equipamentos de uso cotidiano, na saúde, no ambiente, na indústria, na agricultura e na geração de energia elétrica.

Os motivos históricos e sociais aliados à falta de conhecimento sobre os fenômenos produzem um senso comum, e essas concepções criadas no imaginário popular podem ser "boas" ou "ruins". Sabe-se que um tratamento de radioterapia, por exemplo, utiliza radiação, mas essa é vista como uma "radiação que cura", enquanto uma usina nuclear utiliza uma "radiação que mata", por conta do desfecho histórico negativo de acidentes nucleares. Essas visões são criadas a partir do resultado drástico obtido historicamente e não pela forma de utilização dos fenômenos pela e para a sociedade. Assim, a radioterapia não é vista apenas como um tratamento, e sim como uma cura. Ora, como algo positivo como uma "radiação que cura" um câncer também pode desencadear câncer e até matar alguém? Então, é necessário modificar como se vê os fenômenos. Não pelo resultado obtido, e sim pela forma de utilização dos mesmos, pois o "funcionamento" da radiação ou da radioatividade não muda de acordo com o objetivo pelo qual os fenômenos estão sendo usados. Um tratamento de radioterapia está apenas promovendo a morte celular do tumor com o uso da radiação. E esse é o mesmo processo da "radiação que causa câncer e mata". As diferenças estão no método e na circunstância de utilização dos fenômenos, e não na radiação ou na radioatividade em si.

Mas como tais fenômenos interagem com o corpo humano? O que causam? Para entender a possibilidade da radiação e da radioatividade afetarem o corpo humano, é importante sinalizar alguns pontos.

Primeiro, é importante lembrar da capacidade que as radiações podem ter ou não de ionizar átomos. Como já comentado, no contexto das radiações, ionizar átomos é o processo no qual um átomo perde elétrons e isso pode ocorrer durante a interação da radiação com a matéria. Assim, as radiações que têm essa capacidade são chamadas de radiações ionizantes. A **radiação ionizante** é a radiação com energia o suficiente para ionizar átomos, ou seja, só ocorre quando a radiação tem energia superior à energia de ligação dos elétrons de um átomo com o seu núcleo, arrancando os elétrons de seus orbitais.

Segundo, é necessário entender que, quando analisados no contexto cotidiano, a possibilidade dos fenômenos causarem câncer ou morte não depende exclusivamente do tipo de radiação utilizado. Não é apenas por ser uma radiação ionizante que a pessoa irradiada terá um câncer ou poderá morrer pela exposição. É um conjunto de fatores que determina essa causalidade, incluindo o tipo de radiação. Além desse ponto, os outros fatores que devem ser levados em consideração são: a energia da radiação, o tempo de exposição, a distância entre a fonte e o corpo a ser irradiado, a área a ser irradiada e a dose de radiação recebida. Assim, para todos os setores da área industrial e da área médica que utilizam radiações ionizantes são empregados protocolos rígidos para que o trabalhador e o paciente estejam seguros no ambiente de trabalho e/ou durante a realização dos procedimentos médicos. Esses ambientes buscam diminuir o máximo possível a dose de radiação utilizada, desde que não influencie a qualidade do exame e/ou do tratamento, para reduzir os possíveis riscos associados ao uso da radiação e da radioatividade.

Por último, mas não menos importante, o corpo humano, assim como qualquer organismo vivo, possui diversos mecanismos de reparo para os danos causados pela exposição à radiação. Ainda assim, pode ocorrer algum erro durante o reparo ou a capacidade de reparação do corpo não dá conta da quantidade de tecido danificado simultaneamente. Assim, esses fatores podem levar a morte celular e/ou induzir mutações e cânceres.

Tendo isso em mente, para entender como a "radiação que causa câncer e mata" pode "curar o câncer", no caso de uma radioterapia, como se dá a interação da radiação com o corpo humano?

Como mencionado anteriormente, um tratamento de radioterapia apenas promove a morte celular do tumor com o uso de uma radiação ionizante.

As células tumorais são mais sensíveis aos efeitos da radiação por serem células que já sofreram algum tipo de mutação e a interação da radiação provoca ainda mais danos ao DNA ou aos cromossomos dessas células. Normalmente esses danos são irreparáveis e prejudicam ou incapacitam o funcionamento celular, causando a morte dos tecidos atingidos. Além disso, a atuação do Físico Médico no planejamento do tratamento leva em consideração a quantidade de radiação, os feixes de entrada da radiação, o tempo de exposição e de duração do tratamento, a colimação (que torna paralelo e mais concentrado os feixes de radiação) e o cuidado com os tecidos adjacentes, para que o máximo de tecido tumoroso morra com o mínimo de dano possível nos tecidos sadios.

84
Po
polonium
[209]
Ra
84
Po
polonium
[209]
88
Ra
radium
[226]
Ra

CONSIDERAÇÕES FINAIS

Espera-se que esse material tenha contribuído na compreensão dos conhecimentos abordados através de um visual agradável aos olhos e com uma leitura de fácil entendimento.

Ficamos à disposição para discutir, aprimorar ou realizar novas pesquisas e propostas relacionadas à formação continuada de professores/as especializada nas temáticas Mulheres na Ciência, Relações de Gênero e Noções de Radioatividade tomando como base a vida e obra de Marie Curie e suas aplicações na Educação Básica.

Atenciosamente,

BEATRIZ HORST
Mestra em Ensino de Ciências e Matemática e graduada em Física Médica pela Universidade Franciscana.
E-mail: biahorstf@gmail.com

DR. GILBERTO ORENGO
Professor Orientador. E-mail: gorengo@gmail.com

DR. LUIS SEBASTIÃO BARBOSA BEMME
Professor Coorientador. E-mail: luisbarbosab@yahoo.com.br

Dedico este trabalho à minha família, meus avós Milton Horst e Altahyr Tombini Horst, minha mãe Karyn Horst, minha tia Rosella Horst, meu irmão Henrique Horst Figueira e a minha cachorra Tampa.

Referências Bibliográficas

[1] BRASIL, Ministério da Educação. **Base Nacional Comum Curricular.** Brasília, 2018.

[2] MARTINS, A. P. V. **Visões do feminino: a medicina da mulher nos séculos XIX e XX.** Rio de Janeiro: Editora Fiocruz, 2004. História e Saúde collection. ISBN 978-85-7541-451-4. Disponível em: http://bit.ly/3z8Gx7f. Acesso em: 10 abr. 2022

[3] CHASSOT, A. A **CIÊNCIA É MASCULINA? É, sim senhora!...** Contexto e Educação, ano 19, n. 71/72, p. 9-28, 2004.

[4] ARAÚJO, S. D.; PIRCHINER, J. C.; SGARBI, A. D.; SAD, L. A. **Mulheres na ciência: estão presentes?** In: XI Encontro Nacional de Pesquisa em Educação em Ciências – XI ENPEC, 2017, Florianópolis.

[5] LETA, J. **As mulheres na ciência brasileira: crescimento, contrastes e um perfil de sucesso.** Estudos Avançados, v. 17, n. 49, 2003, pp. 271-284.

[6] HORST, B.; ELLWANGER, A. L. ; ORENGO, G. **Marie Curie E Chien-Shiung Wu: As Mulheres Atômicas.** In: MARTINS, ERNANE ROSA (org.). Ciência, tecnologia e inovação: Fatores de progresso e de desenvolvimento 2. Editora Atena, 2021. cap. 6, p. 60-80.

[7] SANTOS, P. N. **Marie Curie e a Primeira Guerra Mundial.** História da Ciência e Ensino, v. 18, p. 47-59, 2018.

[8] SABOYA, M. C. L. **Relações de Gênero, Ciência e Tecnologia: Uma Revisão da Bibliografia Nacional e Internacional.** Educação, Gestão e Sociedade: revista da Faculdade Eça de Queirós, ano 3, n. 12, nov. 2013.

[9] BARBOSA, M. C.; LIMA, B. S. **Mulheres na Física do Brasil: Por que tão poucas? E por que tão devagar?** Trabalhadoras, 2013, p. 38-53.

[10] SCHIEBINGER, L. **O feminismo mudou a ciência?** Bauru/SP: EDUSC, 2001.

[11] ALVES, M. R.; BARBOSA, M. C.; LINDNER, E. L. **Mulheres na Ciência: a busca constante pela representatividade no cenário científico.** In: XII Encontro Nacional de Pesquisa em Educação em Ciências – XII ENPEC, 2019, Natal.

[12] SEDENÕ, E. P. **Ciência, valores e guerra na perspectiva CTS.** In: GOLDFARB, A.; BELTRAN, M. H. R. (org.). Escrevendo a história da ciência: tendências, propostas e discussões historiográficas, São Paulo, EDUC. 1999.

[13] CURIE, E. **Madame Marie Curie.** Tradução: Monteiro Lobatto. EDITORA, 10ª edição, 1957.

[14] CARVALHO, R. S.; MARCHESANI, S. QUINN, S. **Marie Curie: uma vida**; tradução Sonia Coutinho – São Paulo; Scipione, 1997, 526 p. REVISTA PONTO DE VISTA, v. 1, n. 1, p. 67-72, 2009. Disponível em: http://bit.ly/3z9GKY4. Acesso em: 19 set. 2020.

[15] DEROSSI, I. N.; FREITAS-REIS, I. **A Educadora Marie Curie: uma perspectiva diferenciada dessa cientista.** XVI Encontro Nacional de Ensino de Química e X Encontro de Educação Química da Bahia, Salvador, BA, 2012.

[16] PUGLIESE, G. **Sobre o "Caso Marie Curie" A Radioatividade e a Subversão do Gênero.** 2009. Dissertação de Mestrado de Filosofia. São Paulo: USP, 2009.

[17] SIMÕES, C. A. J. **Ensino do conceito de radioatividade utilizando a biografia de Marie Curie.** 2015. Monografia de Conclusão de Curso de Licenciatura Plena em Química. Bauru: UNES, 2015.

[18] TARNOWSKI, K. dos S.; LAWALL, I. T. **Marie Skłodowska Curie – Episódios de Ensino: Contribuições ao Ensino de Ciências.** Santa Catarina: UDESC, 2020. Disponível em: http://bit.ly/40jNIp5. Acesso em: 20 dez. 2022.

[19] UNESCO - Organização das Nações Unidas para a Educação, a Ciência e a Cultura. **A criação da UNESCO**. Disponível em: http://bit.ly/3Zn5Ay2. Acesso em: 30 out. 2022.

Referências Imagens

Elementos pré-textuais

Assinatura de Marie Curie. Disponível em: http://bit.ly/3Y1sAlD

Capítulo 1: Visões sobre o feminino e Mulheres na Ciência: um resgate histórico

[1] **Aristóteles.** Disponível em: http://bit.ly/3ZkgDss

[2] **Galeno.** Disponível em: http://bit.ly/3lYyg2t

Capítulo 3.1: Álbum de Fotos

[1] **Mapa da Europa em 1867, ano do nascimento de Marie Curie.** Disponível em: http://bit.ly/41p4Evf

[2] **Mapa da Europa em 2022 (IBGE).** Disponível em: http://bit.ly/3m2gLhU

[3] **Wladyslaw e Bronislawa, pais de Marie Curie, por volta de 1870.** Disponível em: http://bit.ly/3xQo4eZ

[4] **Local de nascimento de Marya.** Disponível em: http://bit.ly/3Zha0qz

[5] **Os filhos do casal Sklodowski: da esquerda para a direita Sofia (1861-1876), Helena (1866-1961), Marya (1867-1934), Josef (1863-1937) e Bronislawa (1865-1939) em 1872.** Disponível em: http://bit.ly/3ECm7Xk

[6] **Sofia Sklodowska.** Disponível em: http://bit.ly/3KAMI0d

[7] **Bronislawa Boguska Sklodowska em 1860.** Disponível em: http://bit.ly/3ISkE1I

[8] **Diploma russo de Marya em 1883.** Disponível em: http://bit.ly/3IwFceI

[9] **Marya aos 16 anos em 1883.** Disponível em: http://bit.ly/3kqDGTv

[10] **Marya e a irmã Bronislawa em 1886.** Disponível em: http://bit.ly/3IT0Rz2

[11] **Wladyslaw Sklodowski e suas filhas: da esquerda para a direita Marya, Bronislawa e Helena em 1890.** Disponível em: http://bit.ly/3IT1aKc

[12] **Ilustração de Marie feita em Paris em 1892.** Disponível em: http://bit.ly/3XXquDs

[13] **Marie na casa da irmã Bronislawa Sklodowska-Dluski e do cunhado Casimir Dluski, onde residiu, em 1892.** Disponível em: http://bit.ly/3XWVJOY

[14] **Pierre em 1905.** Disponível em: http://bit.ly/3XX9fSz

[15] **Marie e Pierre no dia de casamento em 1895.** Disponível em: http://bit.ly/3YUSB7o

[16] **Marie e Pierre no jardim de sua casa em 1895.** Disponível em: http://bit.ly/3XXr3Nh

[17] **Henri Becquerel por volta de 1903.** Disponível em: http://bit.ly/3m5zyZB

[18] **Chapa fotográfica por Becquerel em 1896.** Disponível em: http://bit.ly/41nwuYU

[19] **Marie, Pierre e Irène Curie no jardim de sua casa em 1904.** Disponível em: http://bit.ly/3m27aYf

[20] **Gabriel Lippmann.** Disponível em: http://bit.ly/3EAejFs

[21] ***Rayons émis par les composés de l'uranium et du thorium.*** Disponível em: http://bit.ly/3Iwk6xd

[22] **O casal Curie em seu laboratório por volta de 1898.** Disponível em: http://bit.ly/3EAam3D

[23] **Interior do laboratório do casal Curie por volta de 1898.** Disponível em: http://bit.ly/41rs5nZ

[24] **Área externa do laboratório do casal Curie em 1898.** Disponível em: http://bit.ly/3ISlNGy

[25] **Marie e Pierre Curie com Henri Becquerel em 1898.** Disponível em: http://bit.ly/41lMj2m

[26] **Nota do casal Curie à comunidade científica sobre a descoberta do Polônio em 1898.** Disponível em: http://bit.ly/3ZhDGUz

[27] **Gustave Bémont.** Disponível em: http://bit.ly/3Z9ZUYG

[28] ***Pechblenda.*** Disponível em: http://bit.ly/3ZB35ZN

[29] **Nota do casal Curie e de Bémont à comunidade científica sobre a descoberta do Rádio em 1898.** Disponível em: http://bit.ly/3KAHgoJ

[30] **Uma vasilha contendo Brometo de rádio(II), $RaBr_2$, em 1922.** Disponível em: http://bit.ly/3Iv3I5k

[31] **Wladyslaw, pai de Marie, em 1890.** Disponível em: http://bit.ly/3kk4NQd

[32] **Tese de doutorado em Física de Marie Curie em 1903.** Disponível em: http://bit.ly/3KNws70

[33] **Marie Curie por volta de 1903.** Disponível em: http://bit.ly/3meyHpu

[34] **Marie Curie para o Prêmio Nobel em Física de 1903.** Disponível em: http://bit.ly/3SBZJDn

[35] **Certificado da premiação em 1903.** Disponível em: http://bit.ly/3kEUeak

[36] **Carta do casal Curie à Academia Real Sueca de Ciências agradecendo a premiação em 1903.** Disponível em: http://bit.ly/3kD6d8p

[37] **O casal Curie em seu laboratório por volta de dez de 1903.** Disponível em: http://bit.ly/3kBcyRM

[38] **Marie Curie em seu laboratório em 1904.** Disponível em: http://bit.ly/3xZxRQb

[39] **Pierre em sala de aula em 1904.** Disponível em: http://bit.ly/3mlkCq8

[40] **Capa do jornal *"Le Petit Parisien"* em 1904.** Disponível em: http://bit.ly/3mjlg7C

[41] **Ilustração do casal Curie em 1904.** Disponível em: http://bit.ly/3xYubhD

[42] **Marie e suas filhas, Irène e Eva, no jardim de sua casa no verão de 1908.** Disponível em: http://bit.ly/41yT6G3

[43] **Funeral de Pierre na região do Boulevard Kellermann em 1906.** Disponível em: http://bit.ly/3lJgqbm

[44] **Capa do jornal *"L'Illustration"* com ilustração de Marie Curie em sala de aula.** Disponível em: http://bit.ly/3J2NoVv

[45] **Marie em seu laboratório por volta de 1908.** Disponível em: https://bit.ly/3HyodJ0

[46] **Marie em seu laboratório em 1908.** Disponível em: http://bit.ly/3mez6bu

[47] **Publicação do "Tratado de Radioatividade" em 1910.** Disponível em: http://bit.ly/3kAbFch

[48] **Primeira Conferência de Solvay em 1911.** Disponível em: http://bit.ly/3miD7vo

[49] **Marie Curie para o Prêmio Nobel em Química de 1911.** Disponível em: http://bit.ly/3ZxSmiK

[50] **Certificado da premiação em 1911.** Disponível em: http://bit.ly/3SEd2TI

[51] **Carta de Marie à Academia Real Sueca de Ciências agradecendo a premiação em 1911.** Disponível em: http://bit.ly/3Z9d2xu

[52] **Marie Curie na *University of Birminghamham* em 1913.** Disponível em: https://bit.ly/3EMUgnn

[53] **Marie em seu laboratório em 1913.** Disponível em: http://bit.ly/41t6NGm

[54] **Marie Curie dirigindo um carro radiológico, conhecido hoje como raio X móvel, em 1917.** Disponível

em: http://bit.ly/41O2Tbx

[55] **Um raio X móvel de Marie Curie usado pelo exército francês.** Disponível em: http://bit.ly/3mkwSHO

[56] **Irène Curie como enfermeira radiológica na Primeira Guerra Mundial.** Disponível em: http://bit.ly/3kI75sj

[57] **Marie e Irène Curie no *Hoogstade Hospital* na Bélgica em 1915.** Disponível em: http://bit.ly/3ZcjDr8

[58] **Marie Curie visitando um hospital de campanha britânico em 1915.** Disponível em: http://bit.ly/3YdgpCv

[59] **Caixa de chumbo onde eram transportados os tubos de Radônio.** Disponível em: http://bit.ly/3IJ91bY

[60] **Manipulação de ampolas de Radônio no Instituto do Rádio em janeiro de 1921.** Disponível em: https://bit.ly/3vWZv2f

[61] **Marie em sala de aula, no seu laboratório, no curso para enfermeiras radiológicas em 1916.** Disponível em: http://bit.ly/3Y9KcMk

[62] **Marie e Irène posando com os estudantes no Instituto do Rádio em 1919.** Disponível em: http://bit.ly/3kGdrsn

[63] **Pavilhão Curie no Instituto do Rádio por volta de 1920.** Disponível em: http://bit.ly/3SHzLP2

[64] **Marie Curie e Claudius Regaud.** Disponível em: http://bit.ly/3J2Zy0z

[65] **Preparação de um molde que comporta a fonte radioativa em 1920.** Disponível em: http://bit.ly/3xZCqKa

[66] **Molde para braquiterapia em 1920.** Disponível em: http://bit.ly/3ZeFwpG

[67] **Desenho de equipamento para punção de Rádio por volta de 1920.** Disponível em: http://bit.ly/3J4gsMs

[68] **Desenho de equipamento para braquiterapia intracavitária em 1930.** Disponível em: http://bit.ly/3EMGeSM

[69] **Marie Curie com Mary Meloney nos EUA em 1921.** Disponível em: http://bit.ly/3EMo0RB

[70] **Marie em seu laboratório de Química no Instituto do Rádio em abril de 1921.** Disponível em: http://bit.ly/3mbiod3

[71] **Marie Curie e o Presidente dos EUA, Warren G. Harding, na Casa Branca em 20 de maio de 1921.** Disponível em: http://bit.ly/3J4gF2c

[72] **Marie recebe 1g de Rádio oferecido pelo Presidente dos EUA, Warren G. Harding, em 1921.** Disponível em: http://bit.ly/3J1nWzS

[73] **Caixa de chumbo que continha 1g de Rádio presenteado à Marie em 1921.** Disponível em: http://bit.ly/3KPIM7S

[74] **Caixa de chumbo aberta que continha 1g de Rádio presenteado à Marie em 1921.** Disponível em: http://bit.ly/3KLv30q

[75] **Marie conversando com dois diretores do *Standard Chemical Company,* fabricante de Rádio, em Pittsburgo em 1921.** Disponível em: http://bit.ly/3J3uHRv

[76] **Marie em seu laboratório de Química no Instituto do Rádio em 1921.** Disponível em: http://bit.ly/3meFwHC

[77] **Marie em sua mesa em 1921.** Disponível em: http://bit.ly/3ZaRrF7

[78] **Nota da criação da Comissão Internacional para a Cooperação Intelectual.** Disponível em: http://bit.ly/3IH4HtX

[79] **Marie e Irène no Instituto do Rádio em 1922.** Disponível em: http://bit.ly/3Z9hkFI

[80] **Cerimônia oficial do 25° aniversário da descoberta do Rádio na *Sorbonne.*** Disponível em: https://bit.ly/48LSobE

[81] **Marie no terraço do pavilhão Curie no Instituto do Rádio em 1923.** Disponível em: http://bit.ly/3ZjUHhy

[82] **O médico Borges da Costa, a cientista Marie Curie e Irène Joliot-Curie, durante visita ao Instituto de Rádio de Belo Horizonte, em 1926.** Disponível em: http://bit.ly/41F2CYm

[83] **Visita de Marie e Irène ao Museu Nacional do Rio de Janeiro em 29 de julho de 1926.** Disponível em: http://bit.ly/3kAVtaz

[84] **Visita de Marie e Irène no Rio de Janeiro.** Disponível em: http://bit.ly/3JdxrMB

[85] **A Quinta Conferência de Solvay em 1927.** Disponível em: http://bit.ly/3ZbAB90

[86] **Marie, Mrs Meloney e Mrs Mead, em uma foto tirada após um jantar durante a segunda viagem de Marie aos EUA em 1929.** Disponível em: http://bit.ly/3J4fb83

[87] **Marie e Irène na escadaria em frente ao Instituto do Rádio em Paris em 1930.** Disponível em: http://bit.ly/3kDr0Zy

[88] **Instituto do Rádio em Varsóvia em 1930.** Disponível em: http://bit.ly/41C9mGb

[89] **Marie plantando uma árvore no Instituto do Rádio em Varsóvia 1932.** Disponível em: http://bit.ly/3Yh8hAB

[90] **"Testamento do Rádio" escrito por Marie em março de 1934.** Disponível em: http://bit.ly/3mi0Vjh

[91] **Marie Curie em 1934.** Disponível em: http://bit.ly/41ylQyx

[92] **Fréderic Joliot, André Debierne e Irène Joliot-Curie durante a festa de premiação do Nobel em Química para o casal Joliot-Curie em dez de 1935.** Disponível em: http://bit.ly/3kyFbiG

[93] **Irène em seu escritório no laboratório Curie no Instituto do Rádio em 1947.** Disponível em: https://bit.ly/4bc4Ans

[94] **Túmulos de Marie e Pierre Curie no Panthéon em Paris.** Disponível em: http://bit.ly/3mh5Uk6

[95] **Escritório particular de Marie por volta de 1934.** Disponível em: http://bit.ly/3IDl22R

[96] **Escritório particular de Marie em 2012 do antigo Instituto do Rádio, onde hoje é o Museu Curie.** Disponível em: http://bit.ly/41zoIeE

[97] **Marie no terraço do pavilhão Curie no Instituto do Rádio em 1923.** Disponível em: http://bit.ly/3mfytP5

[98] **Após 1960, o prédio foi preservado e hoje possui uma exibição permanente do Museu Curie.** Disponível em: http://bit.ly/3EJDbLh

Capítulo 3.3: Conteúdo para aprofundamento

[1] **Busto Maria Skłodowska Curie na Polônia.** Disponível em: http://bit.ly/3SFJ01W

[2] **Busto Maria Skłodowska Curie em Genebra.** Disponível em: http://bit.ly/3SEc4XM

[3] **Monumento Marie Curie em frente ao Instituto do Rádio de Varsóvia.** Disponível em: http://bit.ly/3mh2j5N

[4] **Monumento Marie Skłodowska Curie na Polônia.** Disponível em: http://bit.ly/3Ye6HPW

[5] **Monumento Maria Skłodowska Curie na Varsóvia.** Disponível em: http://bit.ly/3mcXQ3T

[6] **Instituto Nacional de Oncologia Maria Skłodowskiej-Curie - Instituto Nacional de Pesquisa.** Disponível em: http://bit.ly/3y58ixa

[7] **Rua Pierre et Marie Curie, Paris, França.** Disponível em: http://bit.ly/3mgdZWg

[8] **Museu Marie Skłodowska Curie na Polônia.** Disponível em: http://bit.ly/3J5SArW

Capítulo 4: Identificando Conceitos

[1] **Wilhelm Conrad Röntgen.** Disponível em: http://bit.ly/3J3jMWU

Ra
radium
[226]